● 2020 年教育部产学合作协同育人项目"新文科背景下环境设计
专业模块化教学线上资源体系建设"（202002114010）；

● 山东大学精品教材建设项目重点项目（Z2021040）

风景园林规划设计

张 剑　隋艳晖　谷海燕——编著

江苏凤凰科学技术出版社 · 南京

图书在版编目（CIP）数据

风景园林规划设计 / 张剑，隋艳晖，谷海燕主编
. — 南京：江苏凤凰科学技术出版社，2023.1
ISBN 978-7-5713-3228-0

Ⅰ. ①风　Ⅱ. ①张　②隋　③谷　Ⅲ. ①园林 –
规划②园林设计 Ⅳ. ① TU986

中国版本图书馆 CIP 数据核字 (2022) 第 173256 号

风景园林规划设计

编　　　著	张　剑　隋艳晖　谷海燕	
项 目 策 划	凤凰空间 / 杨　琦	
责 任 编 辑	赵　研　刘屹立	
特 约 编 辑	杨　琦	

出 版 发 行	江苏凤凰科学技术出版社
出版社地址	南京市湖南路 1 号 A 楼，邮政编码：210009
出版社网址	http://www.pspress.cn
总 经 销	天津凤凰空间文化传媒有限公司
总经销网址	http://www.ifengspace.cn
印　　刷	北京博海升彩色印刷有限公司

开　　本	710 mm×1 000 mm　1 / 16
印　　张	17
字　　数	218 000
版　　次	2023 年 1 月第 1 版
印　　次	2023 年 1 月第 1 次印刷

标 准 书 号	ISBN 978-7-5713-3228-0
定　　价	98.00 元

图书如有印装质量问题，可随时向销售部调换（电话：022-87893668）。

前 言

人性化设计是人类景观世界设计的主题，设计师应成为技术的掌握者、文化的继承者、自然的维护者。景观设计观念拓展的一个重要方面即是超越功能意义的设计，完善人的生命意义。设计中处处体现对人的关注和尊重，使期望的环境行为模式获得使用者的认同，体现以人为本；对人类生活空间与大自然的融合表示更多的支持，呼应现代人性意义；与人类的多样性和发展性相符合，肯定形式的变化和内涵的多义性。从现实问题出发，以文化人类学、环境心理学、人体工程学和人的需求层次理论为理论基础提出关怀性景观的概念，是"以人为本"思想的体现。景观行业应加强关注弱势群体与现代社会问题，以达到推动社会发展的作用。

景观规划设计具有较强的学科交叉性、综合性和实践性，强调要对接国家重大战略、社会需求和学术前沿。生态文明建设、文化产业振兴、乡村振兴、可持续发展、互联网行动计划等国家战略和政策对景观规划设计提出了社会、经济、文化、生态等多维度的需求。党的十九大报告首次提出了"实施乡村振兴战略"，乡村振兴意味着农村的全面发展和繁荣，不仅包括了经济、社会的进步，而且包含了文化、文明的振兴。"艺术介入乡村"则提供了一个更高的维度，要求景观从业人员应该掌握传统文化、社会经济学、生态学、民俗学等领域的知识。跨领域研究越来越频繁，跨界研究也已经常态化。牢固树立团队合作精神，才能充分解决贯彻落实国家战略和社会经济发展过程中遇到的问题。

为此，本书既侧重于对景观规划设计各阶段方法的解读和传授，同时还强调培养设计师的社会责任感、工匠精神、文化底蕴和思辨方法。选用的案例体现了新时代背景下景观设计与生态学、美学、现代信息技术等学科的交叉融合，其中也包含为服务乡村振兴而开展的大量乡村景观规划设计案例。

本书内容共分为七章，从景观规划设计的基本概念和发展趋向入手，系统阐述了景观设计的构成要素、发展简史与流派以及规划设计过程等。理论与实践相结合，对景观规划设计中的关键环节进行了详细的讲解，力求使读者清晰地了解和掌握景观规划设计的方法论体系。

本书在编写过程中，参考了部分相关资料和著作，在此向原著者表示衷心的感谢！同时，对参加本书编写的其他编著隋艳晖、谷海燕，专门为本书绘制图片的本科生王梦秋、马佳丽、胡欣欣、王嘉梅，提供相关案例的山东大学郑阳教授、闫涛蔚教授、朱峰副教授、上海应用技术大学张志国教授，南京中山台城风景园林设计院徐东耀先生，山东东鲁建筑设计研究院于国铭院长、吕彦女士，为本书出版辛勤付出的杨易编辑等一并表示感谢。同时，本书所采用的优秀学生设计作品均为省级以上竞赛获奖作品或者实践中被采纳的案例，作品及其相应的作者分别是：

山东大学威海校区学生宿舍区某广场设计：赵吉哲等；

山东大学威海校区知行楼屋顶花园景观空间设计：李慧、肖静、徐帅；

"山海鎏金"景观设计：徐泽凡、房克凡、曲威扬；

毕家疃集市规划：赵朔、陈小燕；

威海市前白鹿村故事序列壁画创作：任志卿等；

威海华新海大渔业废弃地景观改造：齐涛、程若宝、王伟；

威海市汪疃镇小阮村入口景观设计：姜姗、梁淦明；

威海市汪疃镇前白鹿村主题雕塑：申珂婷；

上海市普陀区莫干山路某艺术区景观设计：张新雨、马佳丽、宋艺卉、姜明汝；

威海福地传奇水世界湿地景观设计：姜姗等；

海潮河景观设计：申珂婷、任志卿；

威海市汪疃镇祝家英村"五瓣花手工坊"景观设计：李好、岳强、叶磊；

荣成市成山头景区景观设计：申珂婷、王潇洁、刘盼盼、韩艺浓；

威海市孙家疃镇靖子村婚庆基地景观设计：石斌、吕硕、刘连荣；

碧海桃园小区景观：宫晓双；

刘公岛景区定位规划：杜国亭；

山海田园农业园区景观设计：柴琪琪、李月明、沈景玉；

安丘百合婚纱摄影基地景观设计：宫晓双、黄彬、孙传河等；

福地传奇·岚梵别业旅游风景区：靳娟、阚慧鹏；

"印象庄园"景观规划设计：孙传河、韩爽；

汪疃镇高标准农业示范园区河道景观规划：刘可；

沂水湖景区荷香榭建筑设计：耿学彪、齐涛；

威海垛顶山公园的公共厕所改造设计：徐捷、戴鑫江、黄楚冰、王晓钰；

威海海洋博物馆建筑设计：于艺林、刘阳；

威海玛珈山生态景观设计：顾凌颢、王梦秋、魏敬惠；

印海·潮生——威海国际海水浴场景观概念性规划：马佳丽、郭嘉宝；

九凤朝阳——泰山奈河河道景观改造：李张利佳、解晓冉、林安琪；

北行——山东大学威海天文台山地公园景观规划设计：房克凡、徐泽凡、曲威扬；

断崖潮海——小石岛传统旧建筑民宿区景观改造：张勇敢、容归华、吕萌；

熟悉的 0.8 千米——鱼台李阁生态智慧田园综合体景观规划：李婷、李岳珊。

在此，对以上同学的突出表现表示由衷的祝贺，你们的优异成绩更加坚定了我们编写本书的信心，希望能有更多的后生因此受益，同时也感谢王友斌和刘彦鹏等老师在对上述部分作品指导过程中的辛勤付出。

由于编者水平有限，书中难免有疏漏、错误之处，敬请各位读者及业界同仁批评指正。

本书适用于高等本科院校环境设计和风景园林等专业的教学，也可供相关专业高职院校、同等学历教学和景观设计爱好者使用。

2022 年 6 月

目录

1

景观规划设计的
基本概念与发展趋势

○ 景观的概念
○ 景观规划设计的对象与目的
○ 景观规划设计的特征
○ 景观规划设计的发展趋势

1.1 景观的概念

1.1.1 景观的由来

景观的英文为"landscape"，起源于荷兰语中首先出现的"landskip"，原指绘画中的自然景色，等同于"风景和景色"，也指风景画（图1.1），最初的含义为具有审美感的风景。进入18世纪，欧洲风景画的发展进入高潮，市场规模和技术水平都达到了相当高的程度，随后英国自然式风景园（图1.2）兴起，被称为"landscape garden"，"landscape"开始与园林的概念产生联系。

1860年，美国纽约市街委会委员爱立奥特（Henry H. Elliot）在给纽约市议会的一封信中，首次用"landscape architects"来称呼奥姆斯特德和沃克斯所从事的职业。1899年，美国景观规划设计师协会（American Society of Landscape Architects，ASLA）成立。1900年，哈佛大学率先开设了景观设计规划（Landscape Architecture，LA）专业方向，目前该专业方向已成为一个被广泛认同的学科。

图 1.1

图 1.2

图 1.1　17世纪荷兰画家霍贝玛（Meyndert Hobbema）的油画作品《林荫道》（图片来源：英国伦敦国家美术馆）

图 1.2　18世纪经过布朗改造的英国自然式风景园代表作——布伦海姆宫（图片来源：https://www.sohu.com/a/223540983_693803）

1.1.2　景观的多学科涵义

"景观"的概念演化过程与"风景"密切相关，文化艺术和风景园林领域对"景观"的理解多倾向于作为视觉审美过程的对象（图1.3）。地理学中的"景观"是指土地及土地上的空间和物质所构成的综合体，它是复杂的自然过程和人类活动在大地上的烙印，具有地表可见景象的综合与某个限定性区域的

双重含义，既是一定区域内由地形、土壤、地貌、水体、植物和动物等所构成的自然综合体，又是人类生活的空间和环境，记载着人类的过去，表达了希望和理想，也是表达认同和寄托的语言和精神空间（图1.4）。早在1925年，美国人文地理学家索尔在《景观的形态》一书中就提出，应重视不同文化对景观的影响，认为解释文化景观是人文地理学研究的核心。

图1.3　风景园林学中的景观（安徽宏村）

图1.4　地理学中的景观（安徽西递）

生态学中则将景观看作由不同生态系统组成的、具有重复性格局的异质性地理单元和空间单元，是处于生态系统之上和大地理区域之下的一个等级系统，具有尺度的概念（图1.5），兼具经济价值、生态价值和美学价值。

历史学将"景观"视为一种年表，即在历史上的特殊场所下，记载自然和人类活动历史的复杂文献，是丰富的时间与空间的嵌合体。

经济学将社会集团或人之间的经济联系视为"景观"。

文化学则将"景观"视为物质与非物质的文化产物和文化现象。

1.1.3　景观设计与风景园林

对于"LA"的翻译以及专业名称存在着两种主流称谓，即景观设计和风景园林。俞孔坚先生主张将"LA"翻译成景观规划设计。王绍增先生认为，与"园林"一词相比，"造园"可以减少对这个专业的许多误解。但是"造园"更偏重于技术性，规划设计的内涵则有所缺失，而且"园"在我国是"庭园"的古称，很难摆脱与围墙或篱笆之间的联想与空间界定。为此，孙筱祥先生主张将"LA"意译为风景园林，在"园林"的前面加上"风景"

来扩大学科的内涵，比"造园"视野开阔得多，也许还有与我国台湾使用的"景园"一词相调和的意思。"风景园林"一词更多地保留了中国古典的园林学的概念，也是对中国传统文化的一种保护。从中国园林事业发展现实和中国民族文化发展需要相结合的角度，在传统名称与现代需求的融合下，将"LA"译为风景园林是较为合理的翻译。中国园林学会也因此升级并改名为中国风景园林学会，高等教育本科专业目录中则新增了以规划设计为主的风景园林专业，并升级为一级学科。

风景园林学被认为是关于土地和户外空间设计的科学和艺术，是一门建立在广泛的自然科学和人文艺术学科基础上的应用学科。它通过科学理性的分析、规划布局、设计改造、管理、保护和恢复的方法得以实践，其核心是协调人与自然的关系。它涉及气候、地理、水文等自然要素，同时也包含了人工构筑物、历史文化、传统风俗习惯、地方特色等人文元素，是一个地域综合情况的反映。由此可见，风景园林学是一个涉及多学科的、多知识的、相对复杂的应用科学。而"景观设计"和"景观规划"的概念也被逐渐应用在风景园林行业中，二者被视为风景园林学科内的两个分支领域或工作阶段。

图1.5

图1.5　生态学中的景观尺度（来自谷歌地图）

1.2 景观规划设计的对象与目的

与传统意义上的园林设计相比，现代景观规划设计已经突破了城市公园、城市绿地系统、道路、广场、滨水、居住区、风景区、自然保护区等城市景观范畴，更向乡村空间蔓延，渗透到社会、经济、文化和生态的方方面面。

景观规划设计往往以问题为导向，是有条件地解决问题的过程，是建构生态、空间、功能和文化多元和谐共生的景观环境的过程。因此，生态、空间、功能和文化是景观规划设计对象的四个基本层面，且涉及规划设计的全过程。生态即生物之间及其与环境之间环环相扣的关系；空间是与时间相对的一种物质客观存在的形式；功能是指事物或方法所发挥的有利作用及效能；文化则是一切群族社会现象与内在精神的既有、传承、创造、发展的总和。

构建人地和谐的共生关系是景观规划设计的目标。中国传统美学的和谐理念，在长期的发展过程中形成了系统的理解欣赏方式，其背后的文化底蕴、独特的表现形式和审美情趣，对当今的景观规划设计产生了深远的影响。现代景观规划设计的目的在于，通过技术手段对土地及土地上的物体和空间布局进行调控，来控制整个环境的物质循环和能量流动，协调和完善各种功能，使人、建筑、植物等各种景观要素及人类的生活同地球和谐相处，实现人与自然的和谐与共生。在此前提下，最大程度地产生有利于使用者的功能输出，创造符合人们物质使用和精神审美需求的景观环境。

1.3 景观规划设计的特征

1.3.1 多学科特征

景观规划设计主要从事外部空间环境规划与设计，由于在优化城市景观、推进乡村振兴、调节生态系统、保护历史遗产和地方文化、改善人居环境质量等方面起着重要的作用，因此跨人文、技术及自然科学三大领域，集科技、人文、艺术特征于一体，涉及建筑学、城乡规划、植物学、生态学、美学、地理学、经济学、社会学、心理学、考古学等广阔的学科领域，具有显著的多学科交叉特征。

1.3.2 多目标特征

景观规划设计中具有自然属性的要素超过70%，其主旨在于利用自然环境或营造人化自然环境，满足人们的生活及游憩需求，符合自然环境的生成演替规律是其必须遵循的前提。因此，景观规划设计不仅需要构建功能的秩序，更需要符合自然的秩序，具有多目标的特点。如前所述的空间、生态、文化与功能四个基本层面既彼此游离又高度聚合。

1.3.3 双重属性

景观规划设计中存在着多种相互矛盾的双重属性。首先，景观设计作为科学的艺术，具有科学与艺术双重属性。其次，景观的发展不仅需要传承人文艺术作为滋养，更离不开科学技术的推动和支撑。再者，景观规划设计的过程中，通过感性与理性的交织以明确定位，借助定性与定量的相生以探索路径，最终实现从或然走向必然。

1.4 景观规划设计的发展趋势

在全球形势发展和国家战略的推动下，景观规划设计与政策、科技、社会需求等因素之间的关系越来越密切，其形式与内涵也发生着各种变化，不断探索着各种可能，并呈现以下发展趋势：

1.4.1 生态设计

生态设计是人类在地球上长期可持续生存的重要途径。随着可持续发展、低碳经济、人类命运共同体等理念的提出，生态设计已成为景观规划设计的最重要的发展趋向。设计充分遵循地域自然生态的特征和运行机制，作为维系人与自然和谐，维护环境能量大循环的一个手段，表达了对人类中心论的摒弃，既完善了人类的生命，又尊重了自然的生命。

生态设计不仅要尊重地域自然地理特征本身，避免对地形构造和地表肌理的破坏，更要继承和保护因自然地理特征而形成的传统地域特色景观，它已成为地域文化和本土文化的重要组成部分。这对于研究人类文明中的各种生态智慧，并通过设计重新平衡人类及其赖以生存的自然环境，建构更好的生态伦理具有重要的意义。

生态智慧与生态设计已成为近年来的热点，西方的环境美学与东方的生态美学均为生态设计提供了思想引领，尤其是源自中国古典哲学思想的生态智慧，成为今天我国生态设计的重要思想来源和传承的重要内容。而生态学理论的发展为生态设计提供了科学的方法论，共同构建了生态设计的支撑体系。

1.4.2　新技术应用

新技术革新为景观设计表达提供了一切可能性：反映技术与人类情感相融合的发展动态和技术审美观念的多样化；体现景观智能化趋势，创造有"感觉器官"的景观，使其如有生命的有机体般活性运转、良性循环；尊重地域并结合技术所呈现的景观形式，将其转化为新的设计语言（图1.6）。

1.4.3　由城市转向多元空间

在乡村振兴战略推动下，景观规划设计不再仅仅关注城市空间，而更多地转向乡村、集镇、自然保护区、农业园区等多种空间类型。面对多元化的空间，需要通过强化地方性和多样性，充分保留具有地域特色的文化景观，以丰富全球景观资源，实现景观基因的多元化，在地域文化的构成脉络和特征中寻找地域传统的景观体现和发展机制。以可持续发展的观点来看待地域文化传统，将其中最具有活力的部分与当代景观现实及未来发展相结合，从而获得持续的价值和生命力。打破封闭的地域概念，用最新的技术和信息手段诠释和再现古老文化的精神内涵。最为关键的是摒弃标签式的符号表达，力求反映更深的文化内涵。

1.4.4　信息传播与表达

景观作为与人们生活密切相关的场所和人类活动的重要载体，其所承载的信息越来越多，景观规划设计逐渐突破传统的展示形态与空间表达，更体现出时间优于空间的概念。除了提供一目了然、形象简洁、色彩夺目的符号标志系统，更在设计理念和人的审美需求之中有机融入信息技术，与情感抒发融为一体：创造互动景观，使景观随不同信息而变化，如绚丽的夜景、季相的变化，并融入当代生活，在文化传承与延续中，实现文化自信。

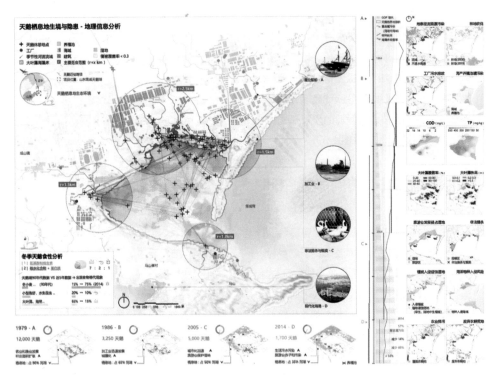

图 1.6

图 1.6　道路景观地理信息分析

景观系统的构成要素

景观是由多种要素有机联系构成的复杂系统。根据要素的属性不同，可以分为自然要素和人文要素两类。景观的自然要素主要包括天体气象、地形地貌、生物和水体等；人文要素主要涉及社会、历史、地理、宗教、民俗、文化艺术等方面。

2.1　景观系统的自然要素

2.1.1　天象与气象景观

天象泛指天文现象，地球上所见的日月星辰（图2.1），因地球的自转和公转而形成的各种景象，构成了大自然绚丽多彩的天象景观。气象则是由地球大气层发生变化而产生的各种物理现象，通常表现为风、云、雨、霜、雾等气象要素形成的景观（图2.2～图2.4）。气象的长期变化则表现为气候，而气候直接影响着自然景观特征，甚至在其形成过程中发挥着决定性作用（图2.5、图2.6）。

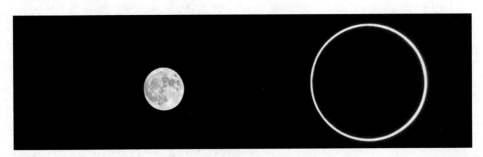

图 2.1

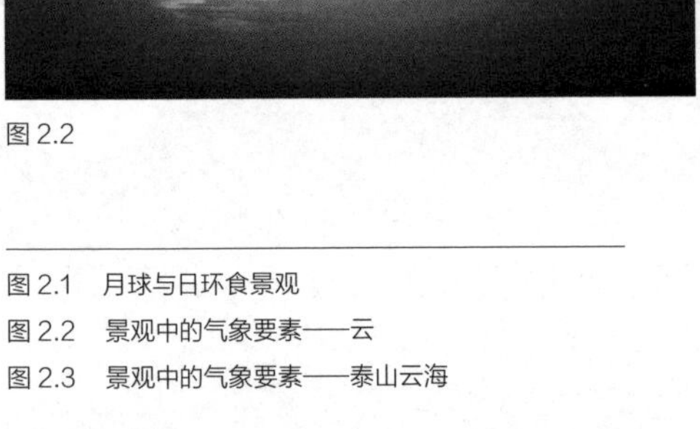

图 2.2

图 2.3

图 2.1　月球与日环食景观

图 2.2　景观中的气象要素——云

图 2.3　景观中的气象要素——泰山云海

图 2.4

图 2.5

图 2.6

图 2.4　雨中的苏州博物馆

图 2.5　中温带冬季景观（黑龙江哈尔滨）

图 2.6　亚热带杉木林景观（湖南会同）

2.1.2 地貌与山岳景观

山岳是大地景观的构成骨架。我国名山众多，特色各异，形象多样。这些名山一般以岩性特征为基础，划分为花岗岩断块山、喀斯特景观地貌、丹霞景观地貌等。因地质变迁的差异，形成山峰、丘陵、平原、高原、岩崖、峡谷、溶洞、火山口、岩溶、海岸与岛礁等具有不同地貌特征的景观（图 2.7 ~ 图 2.12）。

图 2.7　山岳景观——泰山探海石

图 2.8　岩崖景观——泰山仙人桥

图 2.9　溶洞——山东地下大峡谷（张朋 摄）

图 2.10　海岸与岛礁景观

图 2.11　山峰景观——安徽黄山

图 2.12　喀斯特地貌景观——湖南古丈红石林地质公园（马佳丽 摄）

2.1.3 水域景观

水域占地球表面积比重最大，是自然景观中最活跃的自然要素，也是生物繁衍生息的必要条件，造就了人类天然的亲水性。由于水具有较强的可塑性，形成了自然界中江、河、湖、海、池、沼、潭、泉、瀑等富有生气、灵动多变的水体景观类型（图2.13~图2.16）。

图2.13 湖景——杭州西湖

图2.14 池景——威海荣成

图2.15 瀑布——美国约塞米蒂国家公园

图2.16 海景——青岛即墨

2.1.4　生物景观

生物景观要素主要包括植物景观、动物景观（图2.17），以及为保护有代表性的自然生态系统、珍稀濒危野生物种或有特殊意义自然遗址等而依法划定一定面积予以特殊保护和管理的自然保护区（图2.18）。生物景观要素具有组景生动、功能多样、可再生、地域性、季节性、文化性等特征，具有美学、生态学、康复疗养等多种功能。其中，自然保护区可分为生态系统类（保护典型地带性生态系统）、野生生物类（保护珍稀野生动植物）和自然遗迹类（保护独特地质地貌等）三大类。

图2.17

图2.18

图2.17　自然界中的动植物
图2.18　鹰嘴界国家级自然保护区

2.2 景观系统的人文要素

人文景观，又称文化景观，是人类在长期与自然相处的过程中，出于生存的需求而有意识地认知自然和利用自然的结果，是自然与人类创造力的共同结晶，因其受到当地自然要素地带性规律的影响而呈现独特的区域文化内涵，从而产生了反映社会、文化、宗教等差异性特征的景观类型。人文景观要素根据表现形式，可以分为物质文化景观要素和非物质文化景观要素。物质文化景观要素包括人类聚落、建筑及构筑物、服饰、饮食等；非物质文化景观要素包括制度文化、民俗宗教、节庆礼仪、文学与艺术等。

2.2.1 物质文化景观要素

1）聚落景观

"聚落"在古代指村落，在现代泛指村落、城镇和城市等各种形式的人类聚居空间（图2.19、图2.20）。聚落景观是在特定地理环境和社会经济背景中，人类活动与自然相互作用的综合结果，具有明显的地域性和文化性特征。中国传统聚落景观是中华民族优秀民族文化和地域文化的重要表现形式，是本土文化的历史见证与记录，也是传统艺术价值的体现。

图 2.19　城市聚落景观——法国巴黎（张志国 摄）

然而，随着我国工业化和城市化进程的加快，传统聚落景观遭到严重破坏，城市景观地域文化特色消失殆尽，本土文化正遭受外来文化的强烈冲击，"千城一面"的现象日趋严重。我国聚落景观由文化多样性转向视觉单一化，从而削弱了中华民族优秀传统文化的国际影响力和竞争力。文化多样性是人类社会的基本特征，也是人类文明进步的重要动力。尊重文化多样性，首先要尊重自己民族的文化，培育好、发展好本民族文化。因此，景观规划设计中应注重本土文化的挖掘和提炼，探索我国聚落景观可持续性规划的本土化途径。

2）建筑及构筑物景观

建筑和构筑物是聚落景观的重要组成部分。建筑被称为凝固的音乐，是人们开展生产、生活以及其他活动的房屋或场所，反映着一定区域内人们的意识形态和生活习惯，以及一定时期内人类的技术水平和审美艺术。根据建筑建造的时间，可以分为现代建筑和古代建筑；根据建筑在城市或区域中的地位，

可以分为标志性建筑和一般性建筑；根据建筑的功能，可以分为居住建筑、公共建筑、生产性建筑、游览性建筑、宗教建筑等类型。构筑物则指的是房屋以外，人们往往不直接在其内开展各种活动的建筑物，如雕塑、纪念碑、纪念塔、桥梁、假山、陵寝等。

建筑与人们的日常生活休戚相关，具有极为多样化的特征。在历史上曾产生过许多具有较高艺术价值、纪念意义和景观效果的建筑、古典园林、风景区等，流传下来能够被当代人们所瞻仰的，便成为名胜古迹或历史遗迹。其中，一部分代表了设计者或主人的一种表达自我意识的企图，往往为当时的主政者所推崇，有意使之超凡脱俗或规模宏大，而并非代表普通大众所生活的环境，被称为主流设计传统 (grand design tradition)。例如，法国巴黎的凯旋门，尺度巨大，外形简约，追求形象的雄伟、冷静和威严（图 2.21）。而另一类则更直接表达人们每天生活、购物和工作的真实世界，是典型的居民每天生活的家或者邻里环境的设计，被称为民间设计传统 (folk design tradition)，如各地区的民居（图 2.22）。

图 2.20　乡村聚落景观——威海荣成

图 2.21　法国巴黎凯旋门

图 2.22　湖南会同本土民居

中国古建筑中的土结构建筑是人类最早应用的建筑结构类型之一。黄土高原的窑洞虽然采光不太理想，但能挡风避雨，而且冬暖夏凉。窑洞建筑利用土资源，依山坡而筑，可以节约能源，具有生态学意义。木结构是中国古代建筑景观的主要结构类型，包括台榭、楼阁、宫殿、木塔、亭、廊、轩、舫等建筑形式。砖石结构在我国古代建筑传统中主要是作为木结构的辅助部分出现的，如墙脚、地面、踏道等。较为讲究的石结构往往会与浅浮雕结合，饰以各种图案，形成民族历史文化风格较强的人文景观。

民居是历史上出现最早的建筑类型，其形成和发展受自然地理条件和生活环境的影响。如北京的四合院、闽西地区客家人的土楼、江南天井式住宅、黄土高原上的窑洞、新疆的阿以旺式民居住宅等。因地域、时代的不同，各类民居均因地制宜，各具特点，同时又切合当地人民生活习惯，其造型或隽秀或魁伟，结构或灵活或简朴，具备极高的美学价值。值得注意的是，在民居中所体现的美，是依附在适用前提下的，它与周围环境有机地完美结合。

3）服饰与饮食景观

服饰与饮食即分别为人类生活中的衣与食，二者同为相关物质景观的重要构成要素，同为反映景观地域性与时代性的重要标志。

服饰包括衣着和装饰，服饰的演变与社会的发展以及生产生活方式的改变高度一致，与社会物质景观相适应。依据社会学的分类法，服饰可以分为时装与定装两大类，其中定装又分为区域服（包括民族服饰、地区服饰和家族服饰）和制服（包括军队制服、职业制服和社团制服）。服饰的面料、色彩和式样等，融入各自的文化、宗教、风俗等，组合形成了体现不同社会和文化内涵的服饰景观。

饮食包括食品和饮品。饮食景观的差异主要体现在食材、烹饪方法与流程、器具、色香味形、店面装饰等因素。如中国著名的八大菜系，各具特色，体现了我国辽阔疆域下的饮食多元化特征。不同风格的饮食店面装饰也丰富了景观空间，随着品牌意识的不断增强，甚至成为文化传播与提升竞争力的重要载体。

2.2.2 非物质文化景观要素

1）制度文化景观

制度文化是为了明确或处理个人与他人、个体与群体之间的关系而建立的包含社会、政治、经济、教育、军事及机构内部等方面的各种制度以及实施这些制度的机构。由这些制度或其实行过程所形成的景观，称为制度文化景观。例如，我国古代建筑样式具有明确的等级界定。常见的屋顶样式（图2.23）依尊卑不同共分七个等级，从高到低依次为重檐庑殿顶（用于重要的佛殿、皇宫的主殿，象征尊贵，图2.24）、重檐歇山顶（用于宫殿、园林、坛庙式建筑）、单檐庑殿顶、单檐歇山顶、悬山顶（用于民居、神库）、硬山顶（清朝六品以下官吏及平民住宅的正堂只能用悬山顶或硬山顶）、卷棚顶（多用于民间建筑）。攒尖顶无等级，多用于园林建筑中。

2）民俗与宗教景观

民俗是一个民族在物质文化和精神文化等方面的传统并经过历代传承下来的风尚和习俗，体现在居住、服饰、饮食、生产、工艺、社会关系等领域，反映了民族文明的发展程度和价值取向。宗教景观主要包括宗教节日、宗教习俗、宗教礼仪等内容，与民俗景观同样具有社会性、稳定性和传播性等特征，同时又存在差异，并在绘画、音乐、雕塑等方面有所体现。

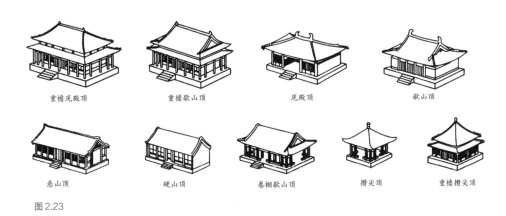

图 2.23

图 2.23　中国古代建筑屋顶样式
图 2.24　故宫太和殿的重檐庑殿顶

3）节庆与礼仪景观

节日体现了人们对美好生活的向往以及对未来的憧憬，或者对重要事件的纪念以及对重要人物的缅怀，包括自然节日、民俗节日、政治节日、生产节日、宗教节日等。为此而开展的节庆活动成为重要的文化景观，部分活动被列入非物质文化遗产，例如中国的端午节。礼仪则是人们在社会交往中由于受到历史传统、风俗习惯、宗教信仰及时代潮流等因素影响而形成的，为人们所认同、遵守，并以建立和谐关系为目的的各种符合交往要求的行为准则和规范的总和（图2.25）。它具有显著的地域差异和文化认知差异，甚至存在矛盾与冲突。

4）文学与艺术景观

文学作品包括诗词歌赋、小说、民间故事和神话传说等，这些文学作品往往与名山大川和风景区相联系，从而提高了其知名度以及景观的文化特征。例如，《白蛇传》为杭州雷峰塔、断桥等景点增添了意境，荣成市成山头景区成为始皇东巡故事的重要载体。文学作品在中国古典园林中具有特殊的表现形式和不可替代的价值，尤其是以匾额、楹联等形式在园林中发挥点题和突出意境的作用。例如，苏州沧浪亭（图2.26）的对联"清风明月本无价，近水远山皆有情"，上联出自北宋欧阳修的七言古体诗《沧浪亭》，下联出自沧浪亭建造者——北宋苏舜钦的七言律诗《过苏州》。再如苏州拙政园的远香堂（图2.27），以匾额点题，名称取自周敦颐的《爱莲说》中"香远溢清，亭亭净植"之意。若正值夏日，于堂中小憩，荷花盛开，微风拂来，便有荷香扑鼻而来，便可于现实中体会诗词的意境。

图2.25

图2.26

图2.27

图2.25　胶东地区谷雨祭海仪式
图2.26　苏州沧浪亭
图2.27　苏州拙政园的远香堂

艺术景观包括音乐、舞蹈、戏曲、影视、雕刻、手工艺、杂技、书法等多种形式。许多城市或地区因其独特的艺术景观而闻名于世，例如，维也纳被誉为"世界音乐之都"；海南黎族的竹竿舞、甘肃敦煌的石窟艺术、徽派建筑的三雕（木雕、石雕、砖雕）（图2.28~图2.30）、江西景德镇的陶瓷艺术、天津的"泥人张"、浙江横店影视城等。

总之，人文景观要素与人类的生产生活及生存的地域自然条件息息相关，具有强烈的地域性、民族性和时代性特征。景观规划设计中要特别关注本地区的人文景观要素，并进行深入的认知和准确的把握，这是塑造独特、高品质地域景观的重要基础，也是传承本土文化的重要途径。

图 2.28

图 2.29

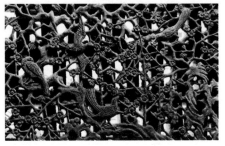

图 2.30

图 2.28　徽派建筑之木雕
图 2.29　徽派建筑之石雕
图 2.30　徽派建筑之砖雕

2.3 景观规划设计的理论要素

景观规划设计具有较强的学科交叉性特征，除了要掌握本专业的基本理论知识以外，还需要掌握相关学科或专业的理论，例如景观生态学、环境心理学等，以指导实践应用。

2.3.1 景观生态学

19世纪下半叶，美国设计师弗雷德里克·劳·奥姆斯特德用大量实践证明了风景园林学职业能改善美国人的生活质量，并提出了奥姆斯特德原则。初步具备生态规划设计的思想，被誉为现代景观设计之父。1939年，德国生物地理学家特劳尔提出了景观生态学的概念，指出景观生态学由地理学的景观和生物学的生态学两者组合而成，表示支配一个地域不同单元的自然生物综合体的相互关系。后来，德国另一位学者布克威德进一步发展了景观生态的思想，他认为景观是个多层次的生活空间，是由陆圈、生物圈组成的相互作用的系统。

1969年，生态规划先驱伊恩·麦克哈格出版的《设计结合自然》一书奠定了景观生态规划的基础，标志着景观规划设计专业勇敢地承担起了后工业时代人类整体生态环境设计的重大责任，使景观规划设计在奥姆斯特德奠定的基础上又大大扩展了活动空间。他反对以往土地和城市规划中功能分区的做法，强调土地利用规划应遵从自然固有的价值和自然过程，即土地的适宜性。2019年6月21至23日，为庆祝该书出版50周年，由宾夕法尼亚大学景观系主办的"设计结合自然，就在当下"（Design With Nature Now）系列纪念活动在美国费城举行。该会议邀请全球顶尖的景观设计师共同探讨，在当今气候变化与全球城市化的背景下，景观设计师应当如何制定具有前瞻性的目标并践行。

但是麦克哈格的理论侧重于关注某一景观单元内部的生态关系，忽视了水平生态过程，即发生在景观单元之间的生态流。现代景观规划理论通过强调水平生态过程与景观格局之间的相互关系，研究多个生态系统之间的空间格局及相互之间的生态系统，并用"斑块—廊道—基质"来分析和改变景观，以此为基础开始了新的发展与进步。邬建国等将景观格局引入生态系统服务与人类福祉研究体系中，提出了"景观可持续性科学"的概念，认为景观设计是为了让保证景观持续性地提供景观服务，满足社会需求，而有意识地改变景观格局的过程，有助于促进生态系统服务与人类福祉之间重新建立平衡。

2.3.2 环境行为学

环境行为学，也称为环境心理学，是对于环境和人的行为、心理之间关系的研究。它是人文地理学工作者借鉴心理学、行为科学、哲学和社会学等学科的研究成果，主要从人类行为的角度，研究人类对不同地理环境的认识过程和行为规律。环境在某种程度上对人的性格塑造起着一定的作用。一个地方特有的地形地貌和风土人情或人的性格之间有着必然的联系。人类在环境中的行为过程、行为空间、区位选择及其发展规律，是环境行为学的重要研究内容。

1960 年前后，霍尔提出了"空间关系学"的概念并在一定程度上将空间尺度加以量化，即：密切距离（0~0.45 米）、个人距离（0.45~1.20 米）、社交距离（1.20~3.60 米）以及公共距离（7~8 米）。20 世纪 60 年代后，这种理论开始对景观和建筑设计领域产生影响。

1960 年，凯文·林奇的《城市意向》尝试了找出人们头脑中意向的方法并将之表达出来，应用于城市景观设计。凯文·林奇通过收集居民回答的问题和一些城市意向图资料，发现其中有许多不断重复着的要素、模式。这些要素基本上可以分为五类：道路（旅行的通道，如大街、公路、铁路等）、边界（不同区域的边界线，如河岸、围墙、绿篱等）、区域（具有共同特征的较大的空间范围，如宿舍区、一些国家的中国城等）、中心与节点（城市中具有战略地位的焦点，如交叉路口、广场、车站、码头等）、地标（特征明显且在地景中突出的元素，如建筑、纪念碑等）。

2.3.3 美学原理

美学范畴中的"美"具有审美对象、审美性质和美的本质三层含义。由于经济基础、自然环境、风俗习惯、艺术传统等差异，从而产生了不同的审美观。美也可以分为社会美、自然美和艺术美三种形式，其中，前两者是一切艺术的源泉，艺术美则是对这二者的反映。而景观美学则表现为社会美、自然美和艺术美的高度融合。各类景观要素有不同的结构、形态、色彩和风格，满足不同的使用功能，从而产生丰富多彩的景观视觉和审美体验。人们在长期的社会劳动实践中，按照美的规律塑造景物外形，逐步发现了一些形式美的规律性，即所谓法则。景观要素之间要达到视觉审美的要求，需要遵循一定的形式美法则。

1）多样统一律

多样统一律是形式美的基本法则，其主要意义是要求在艺术形式的多样变化中，有其内在的和谐与统一关系，既显示艺术的独特性，又具有形式美的整体性，包括形式与内容的变化与统一。景观艺术是多种要素组成的空间艺术，要创造多样统一的景观效果，可通过许多途径来实现。

（1）形体的变化与统一

形体可分为单一形体与多种形体。实现形体组合的变化与统一可运用两种办法：一是以主体主要部分的形式去统一各次要部分，各次要部分服从或类似于主体，起到衬托、呼应主体的作用（图2.31）；二是对某一群体空间而言，用整体体形去统一各局部形体或细部线条以及色彩、动势（图2.32）。

（2）风格和流派的变化与统一

景观与风景建筑历来因地、因时、因民族的变化而变化，显示出其地域性和历史性特征。景观规划设计中风格的多样常用于进行分区规划，整体上则通过道路、地形、植物等实现园区的多样统一。同一分区或空间内的风格应保持一致（图2.33）。

（3）图形线条的变化与统一

指各图形本身的整体线条图案与局部线条图案的变化与统一（图2.34）。

（4）动势动态的变化与统一

多指景物本身的各部分之间或周围环境之间在动势倾向变化中求得统一（图2.35）。

（5）形式与内容的变化与统一

某些景观造型与其功能内涵在长期的配合中，形成了相应的规律性，尽管其变化多端，但万变不离其宗，尤其是体量不大的景观建筑、设施、艺术更应有其外形与内涵的变化与统一（图2.36、图2.37），如亭、榭、楼、阁、餐厅、厕所、花架等。多变而不统一的做法往往弄巧成拙，如用一般亭子或小卖部的造型去建造厕所，就会显得不伦不类。

图2.31　西班牙 Indautxu 广场改造（来源：https://www.sohu.com/a/236856626_176064）
图2.32　变化与统一中的苏州博物馆（来源：https://www.sohu.com/a/314636107_762580）
图2.33　苏州博物馆庭院的江南园林风格

图 2.34

图 2.35

图 2.36

图 2.37

图 2.34　圆的多样统一——美国费城海军造船企业中心景观

　　　　（来源：https://www.sohu.com/a/236856626_176064 https://huaban.com/pins/3239346843/）

图 2.35　雕塑的动态变化统一

图 2.36　使用太阳能光伏板的景观长廊（威海悦海公园）

图 2.37　现代与传统相融合的凉亭（苏州博物馆庭院）

（6）材料与质地的变化与统一

就景观设计而言，无论是单个还是群体，它们在选材方面都既要有变化，又要保持整体的一致性，这样才能展现景物的本质特征。如湖石与黄石假山用材就不可混杂，片石墙面和水泥墙面必须有主次比例，在一组建筑中，木构、石构、砖构必有一主，切不可等量混杂。近年来，多有用现代材料表现古建筑结构的做法，更应注意统一。侵华日军南京大屠杀遇难同胞纪念馆大量使用级配石、鹅卵石等碎石铺地，代表着遇难同胞的森森白骨，也代表着日寇的恶行；墙体也多采用

各种石材，结合少量植物配置。色彩搭配上采用黑白灰，与环境或形成对比，或融为一体，烘托着严肃的悼念氛围，寓意着对遇难同胞永远的铭记，材料在变化中寻求统一的氛围营造（图2.38）。

（7）尺度比例的变化与统一

尺度比例是随着应用功能或艺术功能的不同而变化和统一的。少儿游戏设施和成年人娱乐设施的比例尺度自然不同，一般民居与商场、体育馆的应用尺度也有很大差异（图2.39）。

图2.38　侵华日军南京大屠杀遇难同胞纪念馆
图2.39　民居空间与公园空间中桥的比例尺度对比

2）整齐律

整齐律是形式美的基本规律，是指景物形式中多个相同或相似部分重复出现，或呈对等排列与延续，其美学特征是创造庄重、威严、力量和秩序感。如景观中整齐的行道树、绿篱和廊柱门窗，以及整齐排列的旗杆、喷泉水柱等（图2.40、图2.41）。

图2.40

图2.41

图2.40　雕塑的整齐律（上海月湖雕塑公园）

图2.41　植物景观的整齐律

3）参差律

参差律与整齐律相对，指各景观要素中的各部分之间，有秩序的变化与组合关系，形成无秩序的秩序，不整齐的整齐。一般是通过景物的高低、起伏、大小、前后、远近、疏密、开合、浓淡、明暗、冷暖、轻重、强弱等无周期的连续变化和对比方法，使景观波澜起伏，丰富多彩，变化多端。但参差并非杂乱无章，人们在长期的实践中，摸索出一套变化规律，即所谓章法、构思。如通过堆山叠石、树木配植、建筑轮廓、地形变化等，取得主次分明、层次丰富的错落有致的场所空间效果（图2.42~图2.44）。

图2.42　植物景观的参差律

图2.43　雕塑景观的参差律（上海月湖雕塑公园）

图2.44　建筑与小品的参差律

4）均衡律

均衡感是人体平衡感的自然产物。这是指景物群体的各部分之间对立统一的空间关系，一般表现为两大类型。

一是静态均衡。也称对称平衡，是景物以某轴线为中心，在相对静止的条件下，取得左右（或上下）对称的形式，在心理学上表现为稳定、庄重和理性（图2.45）。

二是动态均衡。又称动势均衡、不对称平衡。动态均衡创作法一般有以下几种类型。一是构图中心法，即在群体景物之中，有意识地强调一个视线构图中心，而使其他部分均与其建立对应关系，从而在总体上取得均衡感（图2.46）。二是杠杆均衡法，又称动态平衡法，即根据杠杆力距的原理，将不同体量或重量感的景物置于相对应的位置而取得平衡感（图2.47）。三是惯性心理法，或称运动平衡法，即人在劳动实践中形成了习惯重心感，若重心产生偏移，则必然出现动势倾向，以求得新的均衡。如一般认为右为主（重），左为辅（轻），故鲜花戴在左胸较为均衡；人右手提物时，身体必向左倾，向前跑时，手必向后摆。

图2.45　景观中的静态均衡体现严肃和庄重（南京明孝陵）

图2.46　构图中心法（威海悦海公园）

图2.47　杠杆均衡法（扬州个园）

5）对比律

对比是比较心理的产物。对景园或艺术品之间存在的差异和矛盾加以组合利用，取得相互比较、相辅相承的呼应关系。在景观设计艺术中，往往通过形式和内容的对比关系而更加突出主体，更能表现景观的本质特征，产生强烈的艺术感染力。如用小突出大，用丑突显美，用拙反衬巧，用粗显示细，用黑暗预示光明等。景观设计造景中运用对比律的例子有形体、线形、空间、数量、动静、主次、色彩、光影、虚实、质地、意境等对比手法（图2.48、图2.49）。对比律是突出艺术效果的形式美法则，但是对比不当则会出现紊乱和模糊，视觉效果不佳或让人感觉不快，就会适得其反。

6）谐调律

谐调律或称协调律、和谐律。在形式美的概念中，谐调是指各景物之间形成了矛盾统一体，也就是在事物的差异中强调了统一的一面，使人们在柔和宁静的氛围中获得审美享受。在景观设计中，若要达到谐调的艺术效果，有以下几种方法：

① 相似协调。指形状基本相同的几何形体、建筑体、花坛、设施等，因大小及排列不同而产生的协调感（图2.50）。

② 近似协调。也称微差协调，指相近似的景物重复出现或相互配合而产生协调感。如中国博古架的组合，建筑外形轮廓线的微差变化等（图2.51）。

③ 局部与整体的协调。可以表现在整个景观设计空间中，局部景观与整体景观的协调，也可表现在某一景观的各组成部分与整体的协调（图2.52）。

④ 适合度的协调。一般认为使景观功能、景观空间、景观环境三者协调一致，就会产生较高的适合度。因而，适合度是进行景观品质评价的重要依据之一（图2.53）。

图2.48

图2.49

图2.48　景观设施中粗糙与光滑的质感对比

图2.49　软与硬的对比

图 2.50

图 2.51

图 2.52   图 2.53

图 2.50   相似协调

图 2.51   近似协调（右图来源：https://huaban.com/pins/2843220592/）

图 2.52   局部与整体的协调（苏州狮子林）

图 2.53   适合度的协调（苏州拙政园见山楼）

7）比例律

在人类的审美活动中，使客观景象和人的心理经验形成一定的比例关系，从而得到美感，这就是合乎比例了，或者说某景物整体与局部间存在着的关系，是合乎逻辑的必然关系（图2.54、图2.55）。比例具有满足理智和视觉要求的特征。贝聿铭设计的卢浮宫金字塔更像是一种景观设计，通过金字塔玻璃体映照出卢浮宫蜜褐色的石块，倒映着巴黎的蓝天白云，多变的光线在玻璃硬朗的几何面上流淌，赋予这座庞大而古老的宫殿一种奇妙的未来感，更加突出了卢浮宫的崇高地位。设计充分考虑了卢浮宫与金字塔之间的比例关系，金字塔是在最小的面积里表现最大的建筑面积的几何图形。贝聿铭认为再也没有其他扩建实体能够像这座"明亮的象征性构造"那样，优雅地与被时光褪去光芒的宫殿融合在一起（图2.56）。

比例出自数学，表示数量不同而比值相等的关系。世界公认的最佳数比关系是由古希腊毕达格拉斯学派创立的"黄金分割"理论。即无论从数字、线段还是面积上相互比较的两个因素，其比值近似1：0.618。然而在人的审美活动中，比例更多地见于人的心理感应，这是人类长期社会实践的产物，并不仅仅限于黄金比例关系。

人的使用功能常常是决定事物比例尺度的决定原因。如人体尺度同活动规律决定了房屋三维空间长、宽、高的比例，门、窗洞的高、宽应有的比例，坐凳、桌子的比例尺寸，各种实用产品的比例，以及美术字体和各种书籍的长、宽比例关系等。

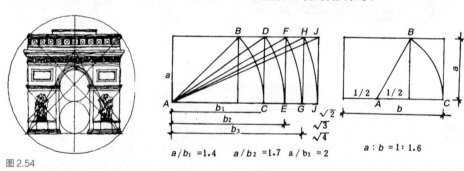

图2.54

图2.55

图2.56

图2.54　通过图解以获得良好的比例关系（胡长龙，2010）
图2.55　各种景观要素之间的良好比例关系产生美感（上海月湖雕塑公园）
图2.56　卢浮宫前的金字塔与建筑、空间之间达到了良好的比例关系

8）尺度

尺度是景物和人之间发生关系的产物，凡是与人有关的物品或环境空间都有尺度问题，久而久之，这种尺度成为人类习惯和爱好的尺度观念。如环境景观中，对儿童设施及成人设施在尺度上就有着不同的要求。在景观设计中，影响比例与尺度的因素如下：

（1）功能与性质决定景观构图的比例尺度

现代城市广场，为了表现雄伟、崇高、壮观的气势效果，常采用大尺度（图2.57）；而小型绿地、庭院则以较小的比例尺度来表现景观的亲和性和趣味性（图2.58）。

图2.57

图2.58

图2.57　城市广场尺度（韩国月尾岛公园规划图）
图2.58　城市广场与街头绿地空间的尺度对比

（2）材料、结构及工程技术条件决定比例尺度

如用石材建造景观建筑，则跨度受石材的限制，廊柱间距很小。用砖结构建造的房屋，室内空间很小而墙很厚。木结构屋顶的变化可丰富多样。混凝土及钢材在造型上的比例关系得到解放，景观建筑也因之丰富多彩（图2.59）。

图2.59

___

图2.59　石材建筑与木结构建筑的尺度对比（图片来源：华为精选）

（3）景观环境空间对比例尺度的影响

同一物体由于所处景观环境不同，其所表现出的尺度感是不同的。例如，大草坪上的孤植树与小庭院中同样大小的孤植树给人的尺度感是截然不同的（图2.60）。任何事物在不同的环境中，应有不同的尺度，在特定的环境中应有特定的尺度，在这个环境中成功的尺度，当搬到另一个环境中时，未必适当。因此，要构成一个完善的景观场所环境，任何事物在它所处的场所环境中，都必须有最好的比例尺度。

图2.60

图2.60　大小相近的树木在不同空间中的尺度感截然不同

（4）模度尺度应用对比例尺度的影响

运用好的数比系列或被认为是最美的图形。例如用圆形、正方形、矩形、三角形等作为基本模度，进行划分、拼接、组合、缩放等，从而在平面、立面或形态上取得具有模度倍数的空间关系。如有些建筑、庭院、花坛的构成不仅能得到好的比例尺度效果，而且也给建造施工带来方便（图2.61）。一般模度尺度的应用采取加法和减法进行设计。

尺度不仅可以调节景物的相互关系，而且可以造成人的错觉，从而产生特殊的艺术效果。在实际应用中，不少有价值的尺度概念可供借鉴。例如，"园林景观与建筑空间的1：10"理论，指园林设计中建筑室内空间与室外庭院空间面积之比最少为1：10。

9）节奏与韵律

节奏产生于人本身的生理活动，如心跳、呼吸、步行等。在景观设计中，节奏就是景物简单地反复连续出现，通过时间的运动而产生美感，如灯杆、花坛或行道树等。而韵律则是节奏的深化，是有规律但自由地起伏变化，从而产生富于感情色彩的律动感。

① 渐变韵律：指连续出现的要素，如果按照一定的规律变化，如逐渐加大或变小，逐渐变宽或变窄，逐渐增长或缩短，从椭圆逐渐变成圆形或反之，色彩逐渐由绿变红或反之，这种逐渐演变就称为渐变（图2.62）。

图 2.61

图 2.62

图2.61　美国伯奈特公园（图片来源：http://wbla-hk.com/content/view?id=258）

图2.62　广场铺装的线性渐变（胡欣欣、王梦秋、王嘉梅绘制）

② 突变韵律：指景物以较大的差别和对立形式出现，从而产生突然变化的韵律感，给人以强烈对比的印象（图2.63）。

③ 交错韵律：指两组以上的要素按一定的规律相互交错变化。例如，韩国仙悠岛公园设计中保留了原有的净水池，在其上增加了步行空间，步道与水池平面彼此交错，形成了韵律感，丰富了游人的空间体验（图2.64）。

图2.63　针叶植物到阔叶植物的突变韵律

图2.64　交错韵律（韩国仙悠岛公园）

④ 旋转韵律：某种要素或线条按照螺旋方式反复连续运动，或向上，或向左右发展，从而得到旋转感很强的韵律特征。常用于图案、花纹或雕塑设计中（图2.65）。

⑤ 自由韵律：指某些要素或线条以自然流畅的方式，不规则但有一定规律地缓缓流动，反复持续，出现自然柔美的韵律感（图2.66）。

图2.65　雕塑——五月的风（青岛五四广场，图片来源：http://ditu.so.com/）

图2.66　自由韵律（青岛世界园艺博览园）

10）主从与重点

在由若干要素组成的景观环境中，每一要素在整体中所占的比重和所处的地位都会影响整体的统一性，倘使所有的要素都竞相突出自己，或者都处于同等重要的地位，不分主次，则会削弱整体的完整性。因此，在一个综合性景观空间里，多景观要素、多景区空间、多造景形式的存在，决定了必须采用有主有次、以次辅主的创作方法，才能达到既多样又统一的完美效果。

在众多的景观构景空间中，必有一个空间在体量上或高度上起主导作用，其他大、小空间起陪衬或烘托作用。景观的主景（或主景区）与次要景观（或次景区）总是相比较而存在，相互协调而变化，并且，在每个空间中一定要有主体与客体之分。主体是空间构图的重点或中心，起主导作用，其余的客体对主体起陪衬或烘托作用，这样主次分明，相得益彰，才能共存于统一的构图之中（图 2.67、图 2.68）。

图 2.67　有明确的主景且主景与次要景观间取得良好的沟通

图 2.68

图 2.68　明确的主景并取得良好的沟通

3

景观规划设计的发展简史

- ○ 人类景观的发展历程
- ○ 中国古典园林发展史
- ○ 西方园林发展史
- ○ 日本园林发展史
- ○ 西方近现代景观设计思潮

3.1 人类景观的发展历程

人类景观必然与社会历史发展的一定阶段相联系。社会历史的变迁、生产力的发展、生产关系的变化，以及科学技术的变革都会导致景观种类的新陈代谢，推动新型景观和园林的诞生（图 3.1）。纵观古今中外，人类景观的形成和发展大致分成四个阶段：

东方				
精神空间 + 生活空间 → 居住空间 → 城市空间 → 环境空间				
社坛、台、瑶池 → 园、园林 → 公园 → 地域环境				
悬圃、囿	庭院（园）		绿地 城市	
西方				
伊甸园 (Eden) + 庭院 (Yard) → 公园 (Park) → 环境 (Environment)				
天堂 (Paradise)	花园 (Garden)		城市 (City)	

图 3.1

3.1.1 孕育阶段

相当于人类发展的原始社会阶段，属于自然从属型社会。此时的生产力十分低下，人类的生存完全依赖于自然。人们为了度过各种困难，群居形成原始聚落。总体上，人对自然经常处于感性适应的状态，呈现为亲和关系。原始社会后期，进入原始农业的公社，聚落附近出现种植场地，房前屋后有了果木蔬囿，客观上接近了园林的雏形。

3.1.2 古典园林阶段

相当于奴隶社会和封建社会的漫长时期，属于自然顺应型社会。经济上，生产力进一步发展，尤其是亚非地区首先发展了农业生产，人类进入农业文明社会。政治上，产生了国家组织和阶级分化，出现了大小城市和镇集，人与自然从感性适应转变为理性适应，对自然造成了一定的破坏，但仍保持亲和关系。园林发展经历了萌芽、发展、成熟三个阶段，逐渐形成了丰富多彩的时代风格、民族风格、地方风格，各民族形成了自己的特色和体系。

这一阶段园林的主要特点：

① 山、水、植物、建筑成为基本要素，筑山、理水、植物配置、建筑营造成为造园的主要工作。

② 绝大多数是为统治阶级服务或归他们私有。

③ 主流是封闭的，属于内向型。

④ 以追求精神享受和视觉景观美为主要目的，多忽视社会与环境效益。

⑤ 造园工作由工匠、文人和艺术家来完成。

图 3.1 东西方园林称谓及景观空间概念发展演变

中国古典园林指的是世界园林发展第二阶段上的中国园林体系，根植于中国的农耕经济、集权政治和封建文化。比起同一阶段上的其他园林体系，历史最久、持续时间最长、分布范围最广，是一个博大精深而又源远流长的风景式园林体系。

3.1.3　近现代景观阶段

18世纪中叶，产业革命的发生促使农业社会向工业社会转变。无计划、掠夺式的开发导致了自然环境的严重破坏，自然生态系统严重失衡。人与自然的关系由友善转向对立，人类社会进入自然征服型阶段。随之，一些尊重自然的设计理念被提出，即关于自然保护的对策和城市景观探索的改良学说。这一时期的景观逐渐向开放的外向型转变，同时在一定程度上开始关注社会效应和生态效益。例如，奥姆斯特德首创"国家公园"的理念，1857年与沃克斯合作设计了纽约中央公园，并致力于人才培养，在哈佛创办了景观规划设计（Landscape Architecture）专业。

霍华德提出田园城市理论。他认为城市环境的恶化是由城市膨胀引起的，城市无限扩展和土地投机是引起城市灾难的根源，并论证了一种"城市—乡村"结合的形式，即田园城市，它兼有城、乡的有利条件而没有两者的不利条件。田园城市包括城市和乡村两个部分。城市四周为农业用地所围绕，城市居民经常就近得到新鲜农产品的供应，农产品有最近的市场，但市场不只限于当地。田园城市的居民生活于此，工作于此。所有的土地归全体居民集体所有，使用土地必须缴付租金。城市的规模必须加以限制，使每户居民都能极为方便地接近乡村自然空间。田园城市之间的关系，即若干个田园城市围绕中心城市，构成城市组，称之为"无贫民窟无烟尘的城市群"。中心城市的规模略大些，建议人口为58 000人，面积也相应增大，城市之间用铁路联系。

这一阶段景观发展的主要特征：

① 除了私人所有的园林之外，还出现由政府出资经营，属于政府所有的，向公众开放的公园。

② 景观规划设计已经摆脱私有的局限性，从封闭的内向型转变为开放的外向型。

③ 兴造园林不仅为了获得视觉景观之美和精神的陶冶，而且也着重在发挥其改善城市环境质量的生态作用——环境效益，以及为市民提供公共游憩和交往活动的场地——社会效益。

④ 由现代型的职业设计师主持景观的规划设计工作。

3.1.4　生态景观阶段

二战以后，世界园林发展出现了新的趋势。19世纪末兴起的生态学，至20世纪50年代已形成完整的理论体系，并开始在景观设计领域渗透。人与自然由排斥、对立关系又逐渐向亲和关系转变。

这一时期景观的主要特点：

① 城市公共绿地及户外交往空间不断扩大，确定了城市生态系统的概念。

② 景观规划设计以创造合理城市生态系统为根本目的，广泛应用生态学、环境科学以及各种先进技术。景观由城市延伸至郊区，与防护林、森林公园构成有机整体。

③ 建筑、城市规划、风景园林三者关系更为密切，景观艺术成为环境艺术的重要组成部分，跨学科的综合性和公众参与性成为其主要特点。

3.2 中国古典园林发展史

3.2.1 中国古典园林的类型

按照园林基址的选择和开发方式的不同，中国古典园林可分为人工山水园和天然山水园。人工山水园是在平地上开凿水体，堆筑假山，人为地创设山水地貌，配以花木栽植和建筑营构，把天然山水风景缩移模拟在一个小范围之内，多建筑在城镇内，又称"城市山林"。规模从小到大，内容由简到繁，造园所受客观制约少，人的创造性得到充分发挥。因此，人工山水园造园手法和园林内涵丰富多彩，是最能代表中国古典园林艺术成就的一个类型，如江南私家园林中的苏州拙政园、网师园等（图3.2）。天然山水园包括山水园、山地园和水景园等，多建在城镇近郊或远郊的山野风景地带。如果选址得当，则能以少量花费获得天然风景之真趣，如北京颐和园（图3.3）。

按照园林的隶属关系主要可分为皇家园林、私家园林、寺观园林，这三大类型是中国古典园林的主体、造园活动的主流、园林艺术的精华。除此之外，还有衙署园林、祠堂园林、书院园林、会馆园林、茶楼酒肆的附属园林等类型，以及公共园林。

皇家园林，古籍里称为苑、苑囿、宫苑、御苑、御园，属于皇帝个人和皇室私有，以显示皇权至尊。在不悖于风景式造景原则的情况下，尽量注重皇家气派，规模宏大，并不断向民间汲取艺术养分。皇家园林在不同时期的数量、规模，在一定程度上反映朝代盛衰。魏晋南北朝以后，皇家园林按其不同的使用情况又可分为大内御苑、行宫御苑、离宫御苑。大内御苑建在首都的宫城和皇城内，距皇居近，便于皇帝日常临幸游憩，例如故宫内的御花园、宁寿宫花园等。行宫御苑和离宫御苑建在都城近郊、远郊风景优美的地方，或者在远离都城的风景地带。行宫御苑供皇帝偶一游憩或短期驻跸之用，离宫御苑则为皇帝长期居住、处理朝政的地方。此外，在皇帝出巡外地需要经常驻跸的地方，也视其驻跸时间长短而建置行宫御苑或离宫御苑。

私家园林，古籍里称之为园、园亭、园墅、池馆、山池、山庄、别业及草堂等，属于民间的贵族、官僚、缙绅所私有。建于城镇的大多为"宅园"，供主人日常游憩、宴乐、会友及读书，规模不大。建在郊外山林风景地带的大多为"别墅园"，供主人避暑、休养或短期居住，不受城市用地限制，规模比宅园大。

寺观园林，指佛寺和道观的附属园林，也包括寺观内部庭院和外围地段的园林化环境。佛家的参禅修行与道家的修炼都注重场所的清净，所以寺观多建在山明水秀的自然山林中，并对所需场景进行规划和布置，使之具有园林气息。因此，宗教建筑与风景建设融为一体，形成寺观园林。

公共园林，指在建于经济、文化发达地区的城镇、村落中，为居民提供公共交往、游憩的场所。多半是利用河、湖、水系稍加园林化的处理或者城市街道的绿化，也有因就于名胜古迹而稍加整治、改造的，大多没有墙垣范围，呈开放、外向型布局。作为一个园林类型，本身尚未成熟，还不具备鲜明的类型特征。

图 3.2

图 3.3

图 3.2　苏州网师园局部
图 3.3　北京颐和园局部

3.2.2　中国古典园林的特征

中国古典园林在世界上独树一帜，主要原因和标志便是其所呈现的"本于自然，高于自然""建筑美与自然美的融糅""诗画的情趣"和"意境的涵蕴"四大特征。中国古典园林的全部发展历史反映了这四大特点的形成过程，园林的成熟时期也意味着这四大特点的最终形成。

1）本于自然，高于自然

山水、植物是构成自然风景的基本要素，但中国古典园林绝非一般地利用或简单地模仿这些构建要素的原始状态，而是对这些自然景物有意识地加以改造、调整、加工、剪裁，使其表现出一种精练概括的、典型化的自然，即为写意山水园林。因此，本于自然而又高

于自然是中国古典园林最显著的特征和主旨，并突出地体现在筑山、理水、植物配置等方面。

筑山，即堆筑假山，包括土山、土石山和石山，分为叠山与置石两种做法。使用天然石块堆筑为石山的技艺称为叠山，江南地区也称为掇山。优秀的叠山作品一般高不过八九米，模拟真山全貌或截取真山一角，能以小尺度创造出峰、峦、峻、洞、谷、悬崖、峭壁等形象，是对真山的抽象化、典型化的缩移摹写，能够完美展现咫尺山林的景致，在有限的空间里幻化出千岩万壑的气势（图3.4）。选择整块的天然石材陈置在室外作为观赏对象的做法称为置石。对用作置石的石材有着较高的要求，不仅要有优美奇特的造型，而且能够引起观赏者对自然大山高峰的联想，即所谓"一拳则太华千寻"。

水既有静态之美，也有流动的动态之美，

图 3.4

图 3.4　南京瞻园假山尽显自然山体之美

是自然界中最活跃的景观要素之一。山与水关系密切，山嵌水抱被认为是最近的成景态势，反映了阴阳相生的辩证哲理，由此，筑山与理水相辅相成。中国古典园林中，理水即对自然中河、涧、溪、泉、瀑、湖及海等进行艺术概括，力求做到"虽由人作，宛自天开"，再小的水面也必曲折有致，并利用山石点缀岸、矶，甚至特意做出一湾港汊、水口以示"疏水若为无尽"。较大的水面则必堆叠岛堤，架设桥梁，以在有限空间内尽写天然水景全貌，尽显"一勺则江湖万倾"

之意（图3.5）。

植物配置以树木为主调，体现自然的丰富繁茂。树木栽植避免成行成列，但并非随意参差。往往以三五植株而给人以蓊郁之感，能够运用少量树木艺术、概括地体现天然植被的气象万千（图3.6）。此外，中国传统文化根据植物的形色香等特征进行拟人化，赋予植物不同的性格和品德，如牡丹代表富贵，松、竹、梅、为"岁寒三友"等，在景观营造中显示其象征意义（图3.7）。

图3.5

图3.5　苏州拙政园一隅

图 3.6

图 3.7

图 3.6　扬州瘦西湖一隅的植物配置

图 3.7　苏州网师园之牡丹园

2）建筑美与自然美的融糅

不同于法国古典主义园林以建筑为中心来控制园林全局，中国古典园林建筑设计与布局力求与山水、植物等要素有机地组织在一系列风景画面中，突出彼此谐调、互相补充的积极方面，将建筑美与自然美融为一体，达到天人合一的境界。中国传统木构建筑所具有的特性为此提供了优越条件。

木框架结构建筑内外墙可有可无，使得空间体验可虚可实，可隔可透。园林建筑因此具有很大的灵活性和随机性，与山、水紧密嵌合，自由随宜，因山就水，高低错落。

匠师们为了进一步把建筑谐调融糅于自然环境之中，还发展、创造了亭、楼、阁、轩、榭、舫、廊等丰富、别致的建筑形象和细节处理，外形千姿百态、生动活泼、各有特色。同时，建筑内外通透，内部小空间与自然大空间相互沟通。如《园冶》所言："轩楹高爽，窗户虚邻，纳千倾之汪洋，收四时之灿烂。"因此，优秀的园林作品，处处有建筑，却洋溢着大自然的盎然生机。这不仅反映了中国传统的"天人合一"思想，而且体现了"为而不持，主而不宰"的自然观（图3.8）。

图3.8

图3.8　苏州拙政园局部

3）诗画的情趣

文学是时间的艺术，绘画是空间的艺术，园林则是时间与空间综合的艺术。中国古典园林将中国古典文学与绘画艺术融入园林之中，创造了具有浓郁诗情画意的艺术空间。

诗情不仅体现在在园林中以具体形象复现前人诗文的某些境界、场景，或者运用景名、匾额、楹联等文学手段对园景做直接的点题（图3.9），而且还要借鉴文学艺术的章法、手段使得规划设计中有颇多类似于文学艺术的结构。园中的观赏游览路线并非如同平铺直述的简单道理，而是于迂回曲折中将各种景观要素整合为渐进的、富于情趣的空间序列，务求开合起承、变化有序、层次清晰。景观序列一般有前奏、起始、主题、高潮、转折、尾声等，在变化、统一的连续流动空间中，表现诗一般严谨、精练的章法，通过多种借景（图3.10）、障景、漏景、框景、对景等造景手法，合乎逻辑而又出人意料，加强了犹如诗歌的韵律感。

画意则体现在把作为大自然的概括和升华的山水画以三维空间的形式复现到人们的现实生活中来，重写意，以中国山水画理提炼园林艺术，主要表现在叠山艺术、植物配置、建筑外观、线条造型等方面。

叠山艺术借鉴山水画的写意手法，甚至模拟皴法、矾头、点苔等笔墨技法。许多叠山匠师精于绘画，有意识地汲取各绘画流派之长处，运用于叠山创作中，这也是园林中因画成景的重要内容。植物配置力求其在姿态和线条方面显示自然天成之美，同时表现出绘画的意趣，在植物选择上受到文人画"吉、奇、雅"的格调的影响，讲究体态潇洒，色香清隽，有象征寓意。建筑外观则由于露明的木构件、各式坡屋面的举折起翘而表现出生动的线条美（图3.11），以粉墙、灰瓦、赭黑色的髹饰这样通透轻盈的体态掩映在竹树山池间，如水墨渲染，画淡雅韵致。线条是中国画的造型基础，中国古典园林中线的造型美尤为丰富和突出。除了如前所述的建筑线条，还有若皴擦的山石线条、蜿蜒曲折的池岸线条、枝干虬曲的花木线条等，犹如律动的交响乐，统筹整个园林的构图（图3.12、图3.13）。

图 3.9

图 3.10

图 3.9　苏州留园中的一处楹联

图 3.10　苏州拙政园借景北寺塔

图 3.11　建筑线条美（苏州拙政园一隅）

图 3.12　园林中各种景观要素线条的律动之美（苏州网师园一隅）

图 3.13　如同人在画中游（苏州拙政园一隅）

4）意境的蕴涵

意境产生于艺术创作中，是中国艺术创作和鉴赏方面的一个极重要的美学范畴。简单说来，意即主观的理念、感情，境即客观的生活、景物。此两者的结合，即创作者把自己的感情、理念熔铸于客观生活、景物之中，从而引发鉴赏者类似的激动情感和理念联想。中国古典园林中的意境可通过浓缩自然山水创设"意境图"，预设意境的主题和语言文字等方式来体现。

① 借助人工叠山理水，将广阔的大自然山水风景缩移模拟于咫尺之间。再通过观赏者的移情和联想，将物象幻化为意象，将物境幻化为意境，物境的构图美便衍生出意境的生态美。但前提条件在于叠山理水的手法要能够诱导观赏者向目标意象去联想，使以叠山理水为主要造园手段的人工山水园，向自然山水意境的蕴涵转译。

② 预先设定意境主题，并借助山、水、植物、建筑所构成的物境将主题表述出来，从而传达给观赏者以意境的信息。此类主题往往得之于古人的文学艺术创作、神话传说、遗闻轶事、历史典故乃至风景名胜的模拟等。

③ 在园林建成之后，根据已有物境的特征以文字"点题"（景题、匾、联、石刻等）的方式表达意境。这种方式更加具体和明确，其所传达的意境信息也就更容易把握。

3.2.3 中国古典园林的历史分期

中国古典园林作为古代文化的组成部分，以其丰富多彩的内容和高超的艺术水平在世界上独树一帜，被学界公认为风景式园林的起源。中国古典园林的历史从公元前11世纪的奴隶社会至19世纪末封建社会解体，发展表现为极缓慢的、持续不断的演进过程，涵盖了以汉民族为主体的封建帝国从开始形成到全盛、成熟直到消亡的过程。根据中国古典园林演进过程，可将其全部发展历史分为六个时期：生成期、转折期、全盛期、成熟前期、成熟中期、成熟后期。

1）生成期（相当于商、周、秦、汉，即公元前11世纪—220年）

① 殷、周为奴隶制社会，是生成期的初始阶段。王、诸侯、卿、士大夫所经营的园林，统称为贵族园林。尚未完全具备皇家园林性质，是皇家园林的前身，最早见于记载的是商纣的"沙丘苑台"和周文王的"灵囿、灵台、灵沼"。园圃、囿、台是中国古典园林的三大源头。囿，是王室专门豢养禽兽的场所，是最早见于文字记载的园林形式。台是囿中的主要建筑物，是用土堆铸而成的方形高台，为山的象征，台上建榭。从周代开始，台的游观功能上升，成为一种主要的宫苑建筑物，如楚国的章华台和吴国的姑苏台。章华台三面由人工开凿的水池环抱，临水成景，是园林中开凿大型水体工程见于史书记载之首例。园圃是种植树木的场地。栽培树木、圈养牲畜、通神、望天是园林雏形的源初功能，游观尚在其次。

② 秦、西汉进入封建制社会，是生成期的重要阶段。秦始皇统一六国，建立中央集权的封建制帝国，逐步实施大咸阳规划，以渭水北面和南面划分。渭北包括咸阳城、咸阳宫以及六国宫，渭南包括上林苑和其他宫殿、园林。扩建了上林苑，成为第一个真正意义上的皇家园林。"宫""苑"两个类别对后世的宫廷造园影响极大。咸阳宫地势

高，统摄全局，体现了皇帝的无上至尊。以天体的星象复现于人间宫苑，体现天人合一的哲学思想。其中，兰池宫引渭水为池，池中筑岛山，为首见于历史记载的园林筑山、理水并举，堆筑的岛山名为蓬莱山，以模拟神仙境界，在生成期的园林发展史中占着重要地位。皇家园林是西汉造园活动的主流，汉武帝在上林苑开凿昆明池，通过园林的理水来改善城市的供水条件，在中国古代城市建筑史上，是一项开创性的成就。之后，历代都城均把皇家园林用水与城市供水结合起来考虑，并作为城市规划的一项主要内容。汉武帝在秦旧址上扩建的上林苑，占地面积空前绝后，是中国历史上最大的一座皇家园林。"中有苑三十六，宫二十，观二十五"，建章宫是其中最大的宫城，北部以园林为主，南部以宫殿为主，成为后世"大内御苑"规划的滥觞。建章宫西北部的园林中，建太液池，池中建三岛，象征东海的瀛洲、方丈、蓬莱，是第一座完整的一池三山式的仙苑式皇家园林。此后"一池三山"成为历代皇家园林的主要模式，一直沿袭到清代。西汉时已有贵族、富豪的私园，规划比宫苑小，内容仍未脱离囿和苑的传统，以建筑组群结合自然山水，如梁孝王刘武的兔园（梁园）。茂陵富人袁广汉于北邙山下筑园，构石为山，说明当时已用人工构筑石山。园中有大量建筑组群，景色大体还是比较粗放的，这种园林形式一直延续到东汉末期。

③ 东汉是生成期向转折期的过渡阶段，皇家园林数量不如西汉多，规模远较西汉小，但园林的游赏功能已上升到主要地位。因而，比较注意造景的效果，郊外宫苑的使用率不高。东汉私家园林较西汉较多，称谓包括宅、第、园、园池和庄园。私家园林中建置高楼比较普遍；东汉园林理水技艺发达，私园中水景较多，往往把建筑与理水相结合而因水成景；东汉初年，庄园经济长足发展。这一时期园林的总体特征表现为：

第一，造园活动主流是皇家园林。尚不具备中国古典园林的全部类型。私家园林较少，且多模仿皇家园林的规模和内容，二者尚未有明显区别。

第二，园林总体规划比较粗放，设计艺术水平不高。无论是天然山水园还是人工山水园，建筑只是简单地散布、铺陈、罗列在自然环境中。园林功能由狩猎、通神、求仙、生产转变为以游憩、观赏为主。

第三，园林向着风景式方向发展，但仅仅是大自然的客观写照，本于自然而未高于自然。帝王苑囿规模宏大，多法天象，仿仙境，通神明，对园林审美的经营在低级水平，造园活动并未完全达到艺术创作的境地。

2）转折期（相当于魏、晋、南北朝，即220—589年）

政治上的动乱分裂导致思想解放和人性的觉醒。魏晋美学奠定了中国古典园林的思想基础，"天人合一"思想真正运用于园林中，中国园林的自然山水园风格真正形成，并升华到艺术创作的新境界，完成了造园活动从生成到全盛的转折。与生成期相比，这时期的园林规模从大到小，园林造景从充满过多的神秘色彩转化为浓郁的自然气息。

① 由于政治上的分裂，皇家园林的建制主要集中在各自的都城，比较重要的有三座城市，即北方的洛阳和邺城以及南方的建康。例如，邺城以城墙为基础，建筑三台：金凤台、铜雀台、冰井台，达到我国古代台式建筑的顶峰，留下"建安风骨"的美誉。魏明帝时，

开始于洛阳进行大规模的宫苑建设，其中大内御苑芳林园，是当时最重要的一座皇家园林，后改名为"华林园"。北魏洛阳在中国城市建设史上具有划时代意义，功能分区更为明确，规划格局更趋完备，中轴线规划体制完全成熟，奠定了中国封建时代都城规划的基础，确立了此后的皇都格局的模式，构成宫城、内城、外城三套城垣的形制，大内御苑华林园位于中轴线北端。建康为今南京，是魏晋南北朝时期的吴、东晋、宋、齐、梁、陈六个朝代的建都之地。大内御苑华林园与宫城及其前面的御街共同形成城市中轴线的规划序列，是南方的一座重要的，与南朝历史相始终的皇家园林。此时期的皇家园林与上代相比，规模比较小，但规划设计趋于精致。其重点已从模拟神仙境界转变为世俗题材的创作，更多地以人间的现实取代仙境的虚幻。园林造景的主流仍然是体现皇家气派，但也流露出天然清纯之美。多采用以石堆叠为山的做法，山石一般选用稀有石材；水体形象多样化，理水与园林小品的雕刻物相结合。亭开始被引进宫苑，由驿站建筑物改变为园林建筑。

② 魏晋南北朝时期，经营园林成了社会上的时髦活动。此时期的私家园林，有建在城市里面或近郊的城市型私园（宅园、游憩园），也有建在郊外的庄园、别墅。北方的城市型私家园林，以北魏都城洛阳为代表，唯其小而又要全面地体现大自然山水景观；南方的城市型私家园林则讲究山池楼阁的华丽格调。城市私园总体上趋向于小型化，出现小而精的布局及某些以小见大的迹象萌芽；从单纯的写实向写意与写实相结合过渡，开始出现单块美石的特置；一些细致的借景与框景手法开始运用。庄园、别墅是生产组织，经济实体，但士族子弟对自己庄园的经营体现其文化素养和审美情趣，把以自然美为核心的时代美学思潮融于庄园经济的生产、生活功能规划中，用园林化手法创造"天人谐和"的人居环境，而其具有的天然清纯之美，则又赋予庄园以园林的性格。园林化的庄园、别墅代表着南朝的私家造园活动的一股潮流，所蕴含的隐逸情调、表现的山居和田园风光，深刻影响着后世的私家园林特别是文人园林的创作，开启了后世别墅园林之先河。庄园别墅呈现的山居田园风光，促进田园、山居诗画大发展，又反过来影响园林。

③ 魏晋南北朝时期，佛教、道教兴盛，出现了寺观园林这个新的园林类型。由于当时汉民族兼容并包的文化特点及中国传统木建筑的灵活性，还有儒家、老庄思想的影响，寺观建筑世俗化，而寺观园林也更多追求人间的赏心悦目，畅情抒怀，不直接表现宗教和显示宗教特点。寺观园林包括三种情况：一是毗邻于寺观而单独建置园林，犹如宅园之于邸宅；二是寺观内部各殿堂庭院的绿化或园林化地带；三是郊野地带的寺观周围的园林化环境。寺观与山水风景的亲和交融，既显示出佛国仙界的氛围，又像世俗的庄园、别墅一样，呈现为天然谐和的人居环境。寺观园林有了公共园林的性质，形成了以寺观为中心的风景名胜区（如茅山、庐山）。

此外，绍兴兰亭是首次见于文献记载的公共园林（图 3.14）。中国古典园林开始形成皇家、私家、寺观三大类型并行发展的局面，园林体系略具雏形。

3）全盛期（相当于隋、唐，即 589—960 年）

隋唐园林作为一个完整的园林体系已经成型，山水画、山水诗文、山水园林互相渗透，诗画的情趣开始形成，意境的涵蕴尚处在朦胧状态。

隋唐时期的皇家园林集中建置在两京（长安、洛阳），数量之多，规模之大，远远超过魏晋南北朝时期。皇家气派完全形成，不仅表现为园林规模宏大，而且反映在园林总体布置和局部的设计处理上。通过山水景物诱发联想活动，意境的塑造初见端倪。大内御苑、行宫御苑、离宫御苑的区分比较明显，皇家造园活动以隋代、初唐、盛唐最为频繁。天宝以后，皇家园林的全盛局面消失，一蹶不振。大内御苑有大明宫（图3.15）、洛阳宫、兴庆宫等，行宫御苑和离宫御苑有玉华宫、仙游宫、翠微宫、华清宫、九成宫等，绝大多数都建置在山岳风景优美的地带（如骊山、天台山、终南山）。

图 3.14　绍兴兰亭（图片来源：https://you.ctrip.com/sight/wengyuan2913/2190-dianping-p12.html）

图 3.15　大明宫复原图（马佳丽 绘）

盛唐之世，政局稳定，经济、文化繁荣，人民的生活水准和文化素质提高，民间追求园林享受之乐趣。艺术性有所提升，着意于刻画园林景物的典型性格和局部的细致处理；给园林山水景物赋予诗画的情趣，以诗入园、因画成景的做法，在唐代已见端倪，写实与写意相结合的方法进一步深化。文人士大夫竞相兴造园林，竞相"隐于园"，甚至亲自参与园林的规划设计。唐代文人对山水风景鉴赏具备一定的水平，文人官僚的士流园林具有的清沁雅致格调被附上了文人色彩，出现了"文人园林"。辋川别业、嵩山别业、庐山草堂、浣花溪草堂都是其滥觞之典型。白居易是历史上第一个文人造园家，他的"园林观"不仅融入儒家、道家的哲理，还注入佛家的禅理。文人参与造园，意味着文人的造园思想（"道"）与工匠的造园技艺（"器"）开始有了初步结合。

唐代一度采取儒、道、释三教共尊的政策，佛教、道教达到了兴盛局面。寺观的建筑制度已趋于完善，大的寺观往往是连宇成片的庞大建筑群，包括殿堂、寝膳、客房、园林四部分功能区。寺观内往往在进行宗教活动的同时也开展社交和公共活动，寺观园林具有城市公共园林的职能。在寺观的环境处理上，把宗教的肃穆与人间的愉悦相结合，更重视庭院的绿化和园林的经营。

以亭为中心，因亭而成景的邑郊公共园林有很多见于文献记载。长安的公共园林绝大多数在城内，少数在近郊。城内开辟的公共园林比较有成效的包括三种情况：利用河滨一些坊里内的岗阜——"原"，如乐游原；利用水渠转折部位的两岸而创为以水景为主的游览地，如曲江；街道的绿化。长安近郊往往利用河滨水畔风景嘉丽的地段，略施园林化的点染，而赋予其公共园林的性质。

4）成熟前期（相当于两宋，即960—1271年）

两宋时期是中国古典园林进入成熟期的第一阶段，是一个极其重要的承前启后阶段。作为一个园林体系，该时期园林的内容和形式均趋于定型，造园的技术和艺术达到历来的最高水平，形成中国古典园林史上的一个高潮阶段。以皇家、私家、寺观园林为主体的两宋园林，所显示的蓬勃进取的艺术生命力，达到了中国古典园林史上登峰造极的境地。宋代已经完成了写意山水园的塑造，以景题、匾联增强园林的"诗画"特征，深化了园林意境的蕴涵。

此时期，皇家园林的规模远小于唐代，也没有远离都城的离宫御苑，规划设计上更精密细致，成为历史上皇家气派最少的园林，更接近私家园林。北宋某些行宫御苑较长时间开放，任百姓入内游览。东京的皇家园林只有大内御苑和行宫御苑。其中，大内御苑有后苑、延福宫、艮岳三处；行宫御苑有琼林苑、宜春园、金明池、宜春苑及瑞圣园等。临安的皇家园林只有一处大内御苑（后苑），行宫御苑大部分在西湖风景优美地段。艮岳中大量运用石的单块"特置"，尤其是太湖石的特置手法，后以米芾《论石》中"瘦、透、漏、皱"作为品鉴太湖石的重要标准（图3.16）。

宋代文人园林呈现四大特点。一曰简远，即景象简约而意境深远。二曰疏朗，景物数量不求其多，但整体性强，不流于琐碎。建筑相对独立，感官疏朗；山多平缓；水面面积较大，形成开朗气氛；利用植物较多，以大面积的丛植、群植为主，留出林间隙地，虚实相衬。三曰雅致，这也是文人文化的精髓。四曰天然，即园林本身与外部自然环境契合，使园内、外两相结合，浑然一体；内部以植物造景为主，借助"林"的形式来创造幽深而独特的景观。

寺观园林由世俗化进一步文人化，除了尚保留着一点烘托佛国、仙界的功能之外，与私家园林差异甚微。儒、道、释互相融会，道教向佛教靠拢，道观建筑的形制受禅宗伽蓝七堂制影响，成为传统的一正两厢的多进院落的格局。园林总体布局大致分三大部分：第一部分为宗教空间，供奉神像和进行宗教活动，布局上重点突出，等级森严，对称规整，以城市化的刻板布局方式，营造出宗教庄严肃穆、神秘的气氛；第二部分为寺观内园林空间，采用自由灵活的园林布局方式，竭力冲淡宗教空间的森严沉闷气氛，增强空间的渗透、连续和流动，用园林构景要素点缀内外空间，把宗教空间变成开朗活泼、生趣盎然的园林观赏空间；第三部分为寺观外园林环境空间，包括园林化的寺观前登山香道和寺观周围的自然山水景观环境空间。

宋代的公共园林是指由政府出资在城市低洼地、街道两旁兴建，供城市居民游览的城市公共园林。南宋临安的西湖相当于一座特大型公共园林——开放性的天然山水园林，成为风景名胜游览地，著名的"西湖十景"在南宋时形成。

图 3.16

图 3.16　上海豫园的"玉玲珑"

5）成熟中期（相当于元、明及清初时期，即 1271—1736 年）

皇家园林规模趋于宏大，皇家气派又见浓郁，也吸收了江南园林的养分。元、明时期，皇家园林建设重点在大内御苑。清王朝皇家园林的宏大规模和皇家气派比明代更为明显，重点在离宫御苑，融糅江南民间园林的意味、皇家宫廷的气派、大自然生态环境的美姿为一体。畅春园是明清以来的第一座离宫御苑，建成以后，康熙在一年的大部分时间均居住于此，处理政务，接见臣僚。畅春园、避暑山庄、圆明园是清初的三座大型离宫御苑，也是中国古典园林成熟时期的三座著名的皇家园林。它们代表着清初宫廷造园活动的成就，集中地反映了清初宫廷园林艺术的水平和特征。

这一时期，江南的私家园林逐渐成为中国古典园林后期发展史上的一个高峰，代表着中国风景式园林艺术的最高水平。扬州和苏州更是精华荟萃之地，造园技艺精湛，有"园林城市"之称，苏州的四大名园均在这一时期建成。元、明文人画影响园林，巩固了写意创作的主导地位；同时，叠山技艺精湛，造园普遍使用叠石假山，促进写意山水园发展；景题、匾额、对联的使用更普遍，意境更为深远，园林更具诗情画意。明末清初，叠山流派纷呈，个人风格各臻其妙；园林创作重视技巧（叠山、建筑、植物配置），既有积极一面，但也冲淡了园林的思想涵蕴。

明末清初的江南地区，文人更广泛地参与造园，涌现大批优秀的造园家和匠师，如张南阳、张南垣、张然等。丰富的造园经验不断累积，由文人或文人出身的造园家总结为造园理论著作而刊行于世。著名的有计成的《园冶》、李渔的《闲情偶寄》以及文震亨的《长物志》。其中，《园冶》是我国第一本专论园林艺术的专著。

6）成熟后期（从清乾隆到宣统时期，即 1736—1911 年）

此时期的园林积淀了过去的深厚传统，显示中国古典园林的辉煌成就；但也暴露了某些衰落迹象，呈现发展逐渐停滞、盛极而衰的趋势。

皇家园林经历了大起大落的波折，反映了中国封建王朝末世的盛衰消长。乾、嘉两朝，无论园林建设的规模还是艺术的造诣，都达到了后期历史上的高峰境地；大型园林的总体规划、设计有许多创新，全面引进江南民间的造园技艺，形成南北园林艺术的大融合；离宫御苑成就最为突出，出现了一些具有里程碑意义的大型园林。在北京西北郊，结合水系整治，形成著名的"三山五园"，即圆明园、畅春园、香山静宜园、玉泉山静明园、万寿山清漪园；北京远郊、畿辅以及塞外地区，有著名的避暑山庄、南苑和静寄山庄。道光以后，随着封建社会的由盛转衰，特别是经外国侵略军焚掠之后，皇室就再无能力营建宫苑，宫廷造园艺术亦相对趋于萎缩，从高峰跌入低谷。

私家园林形成江南、北方、岭南三大地方风格鼎立的局面。江南园林深厚的文化积淀、高雅的艺术格调和精湛的造园技巧，使之居于三大地方风格之首，足以代表这个时期民间造园艺术的最高水平。园林叠山石料以太湖石和黄石为主，石的用量很大，大型假山石多于土，小型假山几乎全部叠石而成；植物以落叶树为主，注重古树名木的保护利用；建筑以高度成熟的江南民间乡土建筑作为创作源泉，园内空间形式多样。北方私家园林叠石假山的规模比较小，叠山技法深受江南影响，风格却显出幽燕沉雄气度；观赏树种比江南少；规划布局上中轴线、对景线运用较多，园内空间划分比较少。岭南私家园林规模比较小，宅园繁多；建筑比重大，深邃有余而开朗不足，建筑的局部、细部很精致；叠山带用"塑石"的技法；地处亚热带，园内观赏植物品种繁多，四季有花（如老榕树大面积覆盖遮蔽的荫凉效果宜人，堪称岭南园林之一绝）。其他地区的园林受到这三大风格的影响，出现各种亚风格。私园技艺的精华荟萃于宅园，而别墅园却失去了兴旺发达的势头。文人园林更广泛地涵盖私家造园活动，但特点逐渐消融于流俗之中，失却了思想内涵。尽管具有高超技巧，但助长了形式主义，失去了锐意进取，有悖于风景式园林的主旨，大多不再呈现前代那样的生命力。

造园的理论探索停滞不前，再没有出现像明末清初那样的有关园林和园艺的略具雏形的理论著作，更没有进一步科学化的发展。文人涉足园林不像早先那样与实践相结合，失却了过去文人参与造园时积极进取的、富于开创性的精神。

3.2.4 中国古典园林的主要成就

1）皇家园林的主要成就

首先，皇家园林设计指导思想体现封建集权意识，反映天子富甲天下，囊括海内的思想。它对自然的态度倾向于凌驾于自然之上的皇家气派，人工气息较浓，多以人工美取胜，自然美仅居次要的位置。其次，园林选址自由，经营资财雄厚，既可包罗原山真湖，亦可堆砌开凿宛若天成的山峦湖海，并建筑各类园林建筑物；皇家园林占地广，规模宏大。园林建筑在园中占的面积比例较低，多采取"大分散，小集中"成群成组的布局方式，南北向轴对称较多。再次，园林总体布局气势恢弘，建筑装饰堂皇富丽，功能庞杂。最后，皇家园林多处北地，在建筑传统、装饰色彩、绿化种植方式上受北方影响，在造园艺术中虽力仿江南名园，但仍能展现北方之特殊风格。

2）私家园林的主要成就

首先，私家园林一般来说空间有限，规模要比皇家园林小得多，又不能将自然山水圈入园内，因而形成了小中见大，掘地为池，叠石为山，创造优美的自然山水意境，造园手法丰富多彩的特性。第二，自然风景以山、水地貌为基础，植被作装点。中国古典园林绝非简单地模仿这些构景的要素，而是有意识地加以改造、调整、加工、提炼，从而表现一个精练概括浓缩的自然。它既有"静观"又有"动观"，从总体到局部包含着浓郁的诗情画意。第三，园林景题的"诗化"和对联的广泛运用，直接把文学艺术与造园艺术结合起来，丰富了园林意境的表现手法，开拓了已经创造的领域，把造园艺术推向一个更高的境界。第四，自然观、写意、诗情画意占据创作的主导地位。园林中的建筑起了最重要的作用，成为造景的主要手段。虽然处处有建筑，却处处洋溢着大自然的盎然生机，借景使景观达到"近水远山虽非我有而若为我备"的境地。

3.3　古埃及和古巴比伦园林

同作为世界四大文明的古埃及和古巴比伦创造了璀璨的文化，其对园林发展的贡献也是巨大的。古埃及的庭园是现有史料中最早出现的规则式园林，影响着后世的欧洲直到法国古典主义园林，这一漫长的历史时期中，规则式园林始终占据着主导地位。古巴比伦则创造了"空中花园"，为后世提供了梦境般的无限遐想。

3.3.1　古埃及园林

埃及位于非洲大陆的东北角，干旱少雨，全年日照强度很大。冬季气候温和，夏季酷热，温差大。古埃及文明的发展得益于尼罗河，其两岸及三角洲成为耕作的沃土。埃及土地不适合树木的生长，因此森林非常稀少。所以埃及人从培育树木开始发展早期的园艺事业。

在干旱炎热的气候条件下，树木可以遮挡烈日，因而被视为尊崇的对象。古埃及人对培育树木十分精心，往往修筑水渠、堤堰、水闸等设施，引尼罗河水浇灌树木花草。从古王国时代开始，埃及就有了种植果木和葡萄的实用园。以实用为主的果园或菜园，是古埃及园林的雏形。它们主要分布在尼罗河谷中，面积狭小，空间封闭，园内的灌溉系统布置精细。

根据史料所载，古埃及园林大致有宅园（贵族园林）、宫苑（宫苑园林）、圣苑（圣苑园林）、墓园（陵寝园林）四种类型。

1）宅园

古埃及宅园的建造，在第十八王朝时期出现高潮。主要特点是：一是都采用几何式构图，以灌溉水渠划分空间；二是园的中心是矩形水池，有的宽阔如湖泊，可供园主在池中荡舟、垂钓或狩猎水鸟；三是水池周围规则地列植着棕榈、柏树或果树，以葡萄棚架将园子围成几个方块；四是直线形的植坛中混植虞美人、牵牛花、黄雏菊、玫瑰和茉莉等花卉，边缘以夹竹桃、桃金娘等灌木为篱（图3.17~图3.19）。

2）宫苑

宫苑园林是指为古埃及法老休憩娱乐而建筑的园林化的王宫。四周为高墙，宫内再以墙体分隔空间，形成若干小院落，呈中轴对称格局；各院落中有栅格、棚架和水池等，装饰有花木、草地，畜养水禽，还有凉亭的设置。

3）圣苑

圣苑园林是指为古埃及法老参拜天地神灵而建筑的园林化的神庙，周围种植着茂密的树林以烘托神圣与神秘的色彩。宗教是埃及政治生活的重心，法老即是神的化身。为了加强这种统治，历代法老都大兴圣苑。古埃及人将树木视为奉献给神灵的祭祀品，以大片树木表示对神灵的尊崇，大片林地围合着雄伟而有神秘感的庙宇建筑，形成附属于神庙的圣苑。以棕榈和埃及榕围合成的封闭空间内，往往有大型水池，驳岸以花岗岩或斑岩砌造，池中种有荷花和纸莎草，并放养作为圣物的鳄鱼。

4）陵寝园林

陵寝园林是指为安葬古埃及法老使其享天国仙界之福而建筑的墓地。其中心是金字塔，四周有对称栽植的林木。法老及贵族们都为自己建造了巨大而雄伟的陵墓，陵墓周围一如生前的休憩娱乐环境。

图 3.17

图 3.18

图 3.19

图 3.17 古埃及陵墓壁画中的奈巴蒙（Nebamun）花园（现存大英博物馆）
　　　　图片来源: https://www.britishmuseum.org/collection/object/Y_EA37983
图 3.18 古埃及宅园复原平面图（王梦秋 绘）
图 3.19 古埃及宅园复原效果图（王梦秋 绘）

3.3.2 古巴比伦园林

巴比伦王国位于底格里斯河和幼发拉底河两河之间的美索不达米亚。作为两河流域的文化产物，古巴比伦园林，也包括亚述及迦勒底王国时期在美索不达米亚地区建造的园林，形式上大致有猎苑、圣苑、宫苑三种类型。

1）猎苑

两河流域雨量充沛，气候温和，有着茂密的天然森林，因此形成了以狩猎为主要目的的猎苑。公元前 2000 年左右，在最古老的巴比伦叙事诗中，就有对猎苑的描述。以后的亚述帝国时代，也建造了大量猎苑，其中有建于公元前 1100 年的皮勒塞尔一世（Tiglath-Pileser I）的猎苑。公元前 8 世纪后，亚述的国王们还在宫殿的墙上制作浮雕，狩猎活动是王宫浮雕必有的题材，包括当时宫殿建筑的图样，并陪衬了以树木为主的风景作背景。尼尼微（Nineveh）王宫浮雕堪称精品（图 3.20）。

猎苑在天然森林的基础上，经过人为加工形成。在猎苑中也有人工种植的树木，如香木、丝杉、石榴、葡萄等；有豢养的动物，被放养在林地中供狩猎用；苑内还有人工堆叠的土丘，丘上建有祭坛。这种猎苑的形式与中国古代的"囿"极为相似，它们产生的年代也很接近，可能是人类由游牧转向农业社会初期的共同心理状态导致的结果。

2）圣苑（神苑）

美索不达米亚地区的宗教绵延了数千年，各民族创造了无数的神。古巴比伦有郁郁葱葱的森林，对树木的崇敬不比古埃及逊色。在远古时代，森林是人类躲避自然灾害的理想场所，或许是古巴比伦神化树木的原因之一。古巴比伦人常常在庙宇周围呈行列式地种植树木，形成圣苑。亚述国王萨尔贡二世的儿子曾在裸露的岩石上建造神殿，祭祀亚述历代守护神。占地面积约 1.6 公顷，在岩石上挖出的圆形树穴深度达 1.5 米。林木幽邃、绿荫森森中的神殿，庄严肃穆。

图 3.20　尼尼微王宫的浮雕片段（现存于大英博物馆）

（图片来源：https://www.britishmuseum.org/collection/object/W_1856-0909-16_8）

3）宫苑——空中花园（Hanging Garden）

"空中花园"亦称"悬苑"，从远处望去，此园如悬空中，为古代世界七大奇迹之一（图3.21）。传说是国王尼布甲尼撒二世为其王妃而建。遗址位于现伊拉克巴格达城郊大约100千米附近，现已全部被毁，其规模、构造和形式只能由古希腊、古罗马等地之历史学者的记述得知。也有科学家认为，巴比伦空中花园实际上位于巴比伦以北300英里（约482.8千米）之外的尼尼微，其建造者是亚述王西拿基立。

空中花园建于皇宫广场的中央，为四角椎体，长、宽各400米。采用立体叠园手法：在高高的平台上，分层重叠，层层遍植奇花异草，每层平台就是一个花园，花园由镶嵌着许多彩色石狮子的高墙环绕。为了防止上层水分的渗漏，每层都铺上浸透柏油的柳条垫，垫上再铺两层砖，还浇注一层铅，然后在上面铺上肥沃的土壤，泥土的土层也很厚，足以使大树扎根，并设有灌溉的水源和水管。在花园的最上面建造大型水槽，通过水管，随时供给植物适量的水分，也用喷水器降下人造雨。在花园的低洼处，建有许多房间，从户内可以看到成串滴落的水帘，即使在炎炎盛夏，也感觉到非常凉爽（图3.22）。

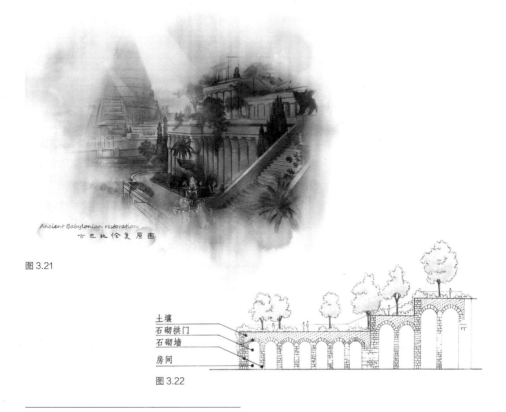

图 3.21

土壤
石砌拱门
石砌墙
房间

图 3.22

图 3.21　空中花园复原图（马佳丽 绘）
图 3.22　空中花园结构示意（王梦秋 绘）

3.4 西方园林发展史

3.4.1 总述

西方园林与中国园林一样，有着悠久的历史和光荣的传统，是世界园林艺术中的瑰宝。在西方，早期人们造园的蓝本来自基督教的伊甸园和希腊神话中的爱丽舍田园，它们成为园林艺术取之不尽的源泉。在西方，造园表明了人类希望在赖以生存的土地上寻回失去的乐园的愿望，是人类对理想的生存环境的憧憬，是人类情感对失去的乐园的回归，同时又是人类走向理想的生活环境的开始。

传统的西方园林以意大利台地园、法国古典主义园林和英国风景式园林为代表，它们同时也代表着规则式和自然式这两大造园样式。在西方，规则式园林出现较早，并在从古埃及的庭园一直到法国古典主义园林这一漫长的历史时期中，始终占据着主导地位。从古埃及的宅园到中世纪的庭园，其间经过古希腊、古罗马园林，是规则式园林的发展阶段。在建筑物围合的人工环境中，以人工化的手法布置花草树木和水景，强调的是人工化的"自然"景观与人工环境的协调。即，将自然引入人工环境，以自然要素来装点人工园林。

从古希腊到中世纪的规则式园林发展阶段，在建筑物围合的人工环境中，以人工化的手法布置花草树木和水景，强调的是人工化的"自然"景观与人工环境的协调。即，将自然引入人工环境，以自然要素来装点人工园林。

法国的古典主义园林使欧洲的规则式园林艺术达到了一个不可逾越的高峰。法国园林在16世纪初受到意大利文艺复兴园林的影响。17世纪下半叶，法国成为全欧洲首屈一指的强国，路易十四是欧洲最有权势的国王，古典主义成了御用文化。体现古典美学原则的规则式园林，得到了空前的发展，形成了影响欧洲园林艺术长达一个世纪之久的法国勒·诺特尔式园林。这种园林形式以其恢宏的气势，开阔的视线，严谨均衡的构图，丰富的花坛、雕像、喷泉等装饰，体现出一种庄重典雅的风格，把规则式园林的人工美发挥到了极致。园林中到处都是人工改造的自然之物。强调人力能够改变自然本身、人工美高于自然美的哲学思想。

18世纪英国自然风景园的出现，改变了西方规则式园林统治的长达千年的历史，是西方园林艺术领域的一场深刻的革命。17世纪的英国资产阶级革命后确立了资本主义制度的形成。18世纪，欧洲文学艺术领域内兴起浪漫主义运动，英国的作家、艺术家崇尚自然之美。他们将规则式花园看作对自然的歪曲，认为造园应以自然为目标，为风景园的产生奠定了理论基础。英国风景园以开阔的草地、自然式种植的树丛、蜿蜒的小径、自然弯曲的湖岸为特色，取消了园林与自然风景之间的界限，也不再考虑人工与自然之间的过渡，而是将自然作为主体，自然美成为园林美的最高境界。

3.4.2 古希腊园林

古希腊包括欧洲东南部、地中海东部爱琴海一带的岛屿以及小亚细亚西部的沿海地区。公元前 5 世纪前后，古希腊陆续出现了一批杰出的哲学家，其中以苏格拉底（Sokrates，公元前 469—公元前 339 年）、柏拉图（Platon，公元前 427—公元前 347 年）和亚里士多德（Aristotates，公元前 384—公元前 322 年）最为著名。他们为西方哲学奠定了基础，对后世影响深远。古希腊的音乐、绘画、雕塑和建筑等艺术十分繁荣，达到了很高的水平。尤其是雕塑，代表了古代西方雕塑的最高水平。造园活动受当时的数学、几何学、哲学家的美学观点以及人们的生活习惯影响较大。人们认为美是有秩序的、有规律的、合乎比例的、协调的整体，所以规则式的园林才是最美的。园林类型包括早期的宫廷庭园、宅园（柱廊园）、公共园林和文人园。

1）宫廷庭园

早期的古希腊园林在《荷马史诗》中有过描述。宫殿所有的围墙都用整块的青铜铸成，上边有天蓝色的挑檐，柱子饰以白银，墙壁、门为青铜，而门环是金的。园内有两座喷泉，一座流下的水落入水渠，用以灌溉；另一座喷出的水流出宫殿，形成水池，供市民饮用。由此可知，当时对水的利用是有统一规划的，并做到了经济、合理。

古希腊的早期园林也具有一定程度的装饰性、观赏性和娱乐性。树木栽植比较规整，园内有油橄榄、苹果、梨、无花果和石榴等果树，还有月桂、桃金娘、牡荆等其他植物，院落中的大花园周围绿篱环绕，留有精心管理的菜圃。代表性园林是建于公元前 16 世纪克里特岛的克诺索斯王宫（Palace of Knossos，图 3.23）。

图 3.23

图 3.23　建于公元前 16 世纪克里特岛的克诺索斯王宫（Palace of Knossos）
（图片来源：https://place.qyer.com/poi/V2UJY1FhBzNTZVI9/photo/）

2）宅园（柱廊园）

古希腊的住宅采用四合院式的布局：一面为厅，两边为住房，厅前及另一侧是柱廊，中间则是中庭，以后逐渐发展成四面环绕着列柱廊的庭院。古希腊人的住房很小，中庭就成为家庭生活起居的中心。早期的中庭内全是铺装地面，装饰着雕塑、饰瓶、大理石喷泉等。后来，中庭内开始种植各种花草，形成了美丽的柱廊园。庭园开始由实用性园林向装饰性和游乐性的花园过渡。花卉栽培开始盛行，但种类还不是很多，常见的有蔷薇、三色堇、荷兰芹、罂粟、百合、番红花、风信子等。此外，人们还十分喜爱芳香植物。

3）公共园林

古希腊的公共园林包括公共建筑和圣林。由于古希腊民主制度盛行，公共集会及各种集体活动频繁，为此建造了众多的公共建筑物。体育健身活动在古希腊的广泛开展，促进了公共建筑如运动场、剧场的发展。古希腊人同样对树木怀有神圣的崇敬心理，在神庙外围种植树林，称之为圣林。在荷马时代已有圣林，当时起到围墙的作用，后来才逐渐注重其观赏效果。圣林最初只用庭荫树，如棕榈、悬铃木等。后来，在圣林中也可以种果树了。在奥林匹亚宙斯神庙的圣林中，还设置了小型祭坛、雕像及瓶饰、瓮等，称为"青铜、大理石雕塑的圣林"。圣林既是祭祀的场所，又是祭奠活动时人们休息、散步、聚会的地方。大片的林地创造了良好的环境，衬托着神庙，增加了神圣的气氛。

由于当时战乱频繁，要求士兵具有强健的体魄，推动了古希腊体育运动的发展。公元前 776 年，在奥林匹亚举行了第一次运动竞技会，以后每四年举行一次，杰出的运动员被誉为民族英雄。因此，进行体育训练的场地和竞技场纷纷建立起来。最初，场地是一些开阔的裸露地面，仅仅为了训练之用。后来，在场地旁种植了遮阳的树木，可供运动员休息，也使观看比赛的观众有个舒适的环境。这些场地逐渐发展成了大片的林地，其中除有林荫道外，还有祭坛、亭、柱廊、座椅等设施，成为后世欧洲体育公园的前身。

4）文人园

公元前 390 年，柏拉图在雅典城内的阿卡德莫斯（Academos）园地开设学堂，聚众讲学。以后，学者们又开始另辟自己的学园。园内有供散步的林荫道，种有悬铃木、齐墩果、榆树等，还有覆满攀援植物的凉亭。学园中也设有神殿、祭坛、雕像和座椅，以及纪念杰出公民的纪念碑、雕像等。哲学家伊壁鸠鲁（Epicures，公元前 341—公元前 270 年）的学园占地面积很大，且充满田园情趣。因此，他被认为是第一个把田园风光带到城市中的人。

3.4.3　古罗马的园林

古罗马发源于亚平宁半岛，冬季气候温和，夏季比较闷热。古罗马文明是西方文明史的开端。早期罗马人的精力都集中在战争和武力上，对艺术和科学的兴趣不大。直到公元前 190 年，占领希腊之后，罗马人才全盘接受了希腊文化。希腊的学者、艺术家、哲学家，甚至一些能工巧匠都纷纷来到罗马，使得古罗马在文化、艺术方面表现出明显的希腊化倾向。罗马人在学习希腊的建筑、雕塑、园林之后，才逐渐有了真正的造园事业，同时也继承并发展了古希腊的园林艺术。古罗马时期的园林主要包括庄园、宅园（柱廊园）、宫苑和公共园林。

1）庄园

古希腊贵族热爱乡居生活，古罗马人在接受希腊文化的同时，也热衷于效仿他们的生活方式。由于古罗马人具有更为雄厚的财力、物力，而且生活更加奢侈豪华，促进了在郊外建造庄园风气的流行。古罗马的庄园内既有供生活起居用的别墅建筑，也有宽敞的园地。

园地一般包括花园、果园和菜园，花园又划分为供散步、骑马及狩猎用的三部分。

建筑旁的台地主要供散步用，这里有整齐的林荫道和装饰性绿篱、花坛、树坛和花池。供骑马用的部分，主要是以绿篱围绕着的宽阔林荫道。狩猎园则是由高墙围着的大片树木，林中有纵横交错的林荫道，并放养各种动物供狩猎、娱乐用，类似古巴比伦的猎苑。

古罗马庄园的主要特点是多采用规则布局，严整对称；善于利用自然地形条件借景，园林选址常在山坡上或海岸边；远离建筑物的地方则保持自然面貌。代表性园林为托斯卡那庄园（图3.24）。

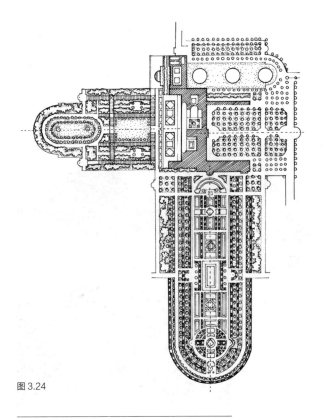

图3.24

图3.24 托斯卡那庄园平面图（王梦秋 绘）

2）宅园（柱廊园）

古罗马的宅园通常由三进院落构成，各院落之间一般有过渡性空间：前庭用于迎客，通常有简单的屋顶；列柱廊式中庭是供家庭成员活动的庭院；还有真正的露坛式花园。维蒂府邸（图3.25）是古罗马宅园的典型案例，属庞贝末期的建筑，现在府邸内栽培了植物，使它几乎完全恢复了原状。由柱廊和喷水雕像组成，在当时流行的波纹边黄杨花坛中，种植常春藤、灌木及花卉。

3）宫苑

共和制后期，庄园的建造为文艺复兴时期意大利台地园的形成奠定了基础。但众多著名的庄园中，只有皇帝哈德良的庄园还残留着较多的遗迹（图3.26）。哈德良山庄坐落在梯沃里的山坡上，是罗马帝国的繁荣与生活品位在建筑园林上的集中表现。

4）公共园林

这一时期的公共园林包括竞技场、剧场和广场。

（1）竞技场

当时的竞技场并没有竞技的目的，场地边缘为宽宽的散步道，路旁种植悬铃木、月桂，形成绿荫。中间为草地，上有小路，有的甚至设有蔷薇园和几何形的花坛，供人休息和散步。

（2）剧场

剧场建筑无论在功能和形式上，还是在科学技术和艺术方面都有极高的成就。剧场外也有供休息的绿地。一些露天剧场建在山坡上，利用天然地形巧妙地布置观众席。

（3）广场

古罗马的公共建筑前都布置有广场，是公众集会的场所，也是进行美术展览、社交活动、娱乐和休息的地方，类似现代城市中的步行广场。从共和时代开始，古罗马各地的城市广场就十分盛行。

图3.25

图3.26

图3.25　维蒂府邸（图片来源：郦芷若和朱建宁，2001）

图3.26　哈德良庄园遗迹（图片来源：郦芷若和朱建宁，2001）

3.4.4　中世纪的园林

"中世纪"指欧洲历史上从 5 世纪西罗马帝国的瓦解，到 14 世纪文艺复兴时代开始前这一段时期，历时大约 1 000 年。这段时期又因古典文化的光辉泯灭殆尽，而被称为"黑暗时期"。

在美学思想上，中世纪基本处于停滞状态，虽然仍保留着古希腊、古罗马的影响，但与宗教联系紧密，把"美"看成是上帝的创造。直到诗人但丁的《神曲》出现，这种局面才开始转变。就园林的发展史而言，中世纪的西欧园林可以分为前期的寺院园林（以意大利为中心）和后期的城堡园林（以法国和英国为中心）两个时期。

1）寺院（修道院）园林

前庭有喷泉或水井，供人们用水净身，硬质铺装上置盆花或瓶饰。中庭是寺院庭园的主要部分，被教堂及僧侣住房等建筑围绕。面向中庭的建筑前有一圈柱廊（图 3.27），类似古希腊、古罗马的中庭式柱廊园。柱廊的墙上绘有各种壁画，其内容多是圣经故事或圣者的生活写照。

中庭内的十字形或交叉的道路将庭园分成四块，正中的道路交叉处为喷泉、水池或水井，水既可饮用，又是洗涤僧侣们有罪灵魂的象征。四块园地上以草坪为主，点缀着果树和灌木、花卉等。有的寺院中在院长及高级僧侣的住房边还有私人使用的中庭。此外，还有专设的果园、药草园及菜园等。

2）城堡园林

由于基督教提倡禁欲主义，反对追求美观与娱乐，因此装饰性或游乐性的花园只能在王公贵族的庭园中得以发展壮大。中世纪前期，为了便于防守，城堡多建在山顶，带有木栅栏土墙，内外设置干壕沟围绕，高耸、碉堡式的中心建筑作为住宅。11 世纪后，诺曼人征服了英格兰，动乱减少，城墙多为石造，设护城河，城堡中心作为住宅。

13 世纪法国作家吉尧姆·德·洛里斯的寓言长诗《玫瑰传奇》，是描述城堡园林最详尽的资料，其手抄本中还有一些插图，描绘了花园中的欢乐情景，从中可以看出园林的布局。

图 3.27

图 3.27　中世纪的修道院中庭柱廊园（图片来源：郦芷若和朱建宁，2001）

14 世纪末, 建筑在结构上更为开放, 外观上的庄严性也减弱了。城堡结构变为开敞、适宜居住的宅邸结构 (图 3.28)。15 世纪后, 城堡则变为专用住宅, 内有宽敞的厩舍、仓库、供骑马射击的赛场、果园及装饰性花园等。四角带有塔楼建筑围合出正方形或者矩形庭院。城堡外围仍有城墙与护城河, 入口处架桥 (图 3.29)。庭园的位置也不再局限于城堡之内, 而是扩展到城堡周围, 但是庭园与城堡仍然保持着直接的联系。法国的比尤里城堡和蒙塔尔吉斯城堡 (图 3.30) 是这一时期比较有代表性的城堡庭园。

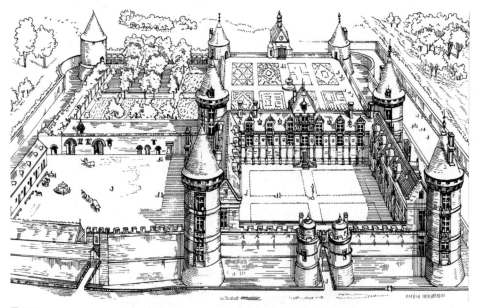

图 3.28

图 3.28　13 世纪后的城堡园林 (王梦秋 绘)

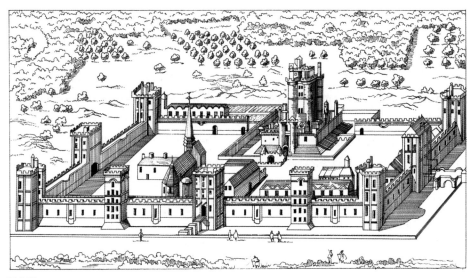

图 3.29

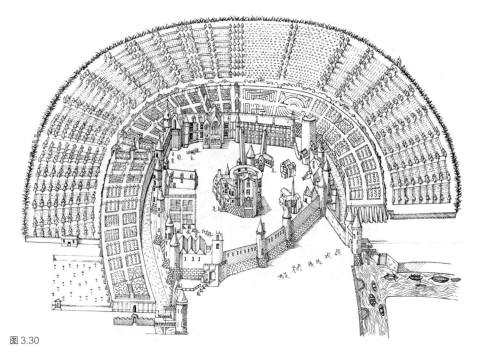

图 3.30

图 3.29 　巴黎温桑城堡园（Castle of Vincennes，Paris）（王梦秋 绘）

图 3.30 　蒙塔尔吉斯城堡的花园（王梦秋 绘）

3）伊斯兰风格园林

（1）波斯伊斯兰园林

7世纪，穆罕默德创建了伊斯兰教，并统一了阿拉伯世界。8世纪中叶，阿拉伯帝国形成，横跨亚非欧，中心在叙利亚。9世纪后期，阿拉伯帝国分裂，形成新的阿拉伯文化。这一文化影响着西亚、南亚、西班牙和地中海南岸的非洲。

波斯伊斯兰庭园大多呈矩形，最典型的布局方式便是以十字形的园路，将庭园分成四块，园路上设有灌溉用的小沟渠。或者以此为基础，再分出更多的几何形部分。宏伟的宗教建筑前庭配置与之相协调的大尺度园林。面积较大的庭园常由一系列的小型封闭院落组成，院落之间只有小门相通，有时也可通过隔墙上的栅格和花窗隐约看到相邻的院落。园内的装饰物很少，仅限于小水盆和几条坐凳，体量与所在空间的体量相适应。并列的小庭园中，每个庭园的树木都尽可能用相同的树种，以便获得稳定的构图。花卉装饰相对较少，更多的是黄杨组成的植坛。彩色陶瓷马赛克的运用非常广泛，贴在水盘和水渠底部、水池壁及地面铺砖的边缘，装饰台阶的踢脚及坡道。

（2）西班牙伊斯兰园林

西班牙伊斯兰园林指在今日的西班牙境内，由摩尔人创造的伊斯兰风格的园林，又称摩尔式园林。其主要特征是：庄园建在山坡上，将斜坡辟成一系列的台地，围以高墙，形成封闭的空间。在墙内往往布置交叉或平行的运河、水渠等，以水体来分割园林空间，运河中还有喷泉。笔直的道路尽头常常设置亭或其他建筑。在墙面上开有装饰性的漏窗，墙外的景色可以收入窗中。伊斯兰园林中的道路常用有色的小石子或马赛克铺装，组成漂亮的装饰图形。地面以及垂直的墙面、栏杆、坐凳、池壁等表面上都用鲜艳的陶瓷马赛克镶铺，显得十分华丽。建于13、14世纪的阿尔罕布拉宫苑是伊斯兰建筑艺术在西班牙最典型的代表作（图3.31）。

图3.31

图3.31　阿尔罕布拉宫苑（图片来源：华为精选）

3.4.5 文艺复兴时期的
意大利园林

欧洲文艺复兴发源于意大利，是 14 至 16 世纪欧洲的新兴资产阶级思想文化运动。文艺复兴使西方从此摆脱了中世纪封建思想和教会神权统治的束缚，生产力和精神、文化都得到了解放，促进了园林艺术的繁荣。根据文艺复兴初期、中期（鼎盛）、末期（衰落）三个时期，意大利台地园可以相应地分为简洁、丰富、装饰过分（巴洛克）三个阶段。

1）文艺复兴初期的意大利园林

从中世纪动荡的岁月中走出来的意大利人，希望在古罗马的废墟上重现古代文明。艺术上的古典主义，成为园林艺术创作的指针，使园林的艺术水平发展到了前所未有的高度。这一时期园林的主要特征是：选址时注意周围环境，可以远眺前景，多建在佛罗伦萨郊外风景秀丽的丘陵坡地上；多个台层相对独立，没有贯穿各台层的中轴线；建筑风格保留一些中世纪痕迹；建筑与庭园部分都比较简朴、大方，有很好的比例和尺度；喷泉、水池作为局部中心；绿丛植坛为常见的装饰，图案花纹简单。代表作品为卡法吉奥罗庄园（Villa Cafaggiolo）和菲埃索罗的美第奇庄园（Villa Medici，Fiesole）。

2）文艺复兴中期的意大利园林

16 世纪，罗马成为文艺复兴运动的中心。教皇尤里乌斯二世保护人文主义者，提倡发展文化艺术事业，艺术家们的才华体现在教堂建筑的宏伟壮丽上。米开朗基罗、拉斐尔等人正是这一时期离开佛罗伦萨来到罗马的，并在罗马留下了许多不朽的作品。

16 世纪后半叶，庭园多建在郊外的山坡上，构成若干台层，形成台地园。有中轴线贯穿全园；景物对称布置在中轴线两侧；各台层上常以多种理水形式，或理水与雕像相结合作为局部的中心；建筑有时作为全园主景位于最高处；理水技术成熟，如水景与背景在明暗与色彩的对比，光影与音响效果（水风琴、水剧场）、跌水、喷水、秘密喷泉及惊愕喷泉等；植物造景、迷园、花坛、水渠和喷泉等日趋复杂。代表作有兰特庄园（Villa Lante）、法尔奈斯庄园（Vilia Palazzina Farnese）和埃斯特庄园（Villa d'Este）。

兰特庄园共设四个台层，高差近 5 米。入口所在的底层台地近似方形，四周有 12 块精致的绿丛植坛，正中是金褐色石块建造的方形水池，十字形园路连接着水池中央的圆形小岛，将方形水池分成四块，其中各有一条小石船。第二台层上有两座相同的建筑，对称布置在中轴线两侧，依坡而建。中间斜坡上的园路呈菱形。建筑后种有庭荫树，中轴线上设有圆形喷泉，与底层台地中的圆形小岛相呼应。第三台层的中轴线上有一长条形水渠。台层尽头是三级溢流式半圆形水池，池后壁上有巨大的河神像。顶层台地中心为造型优美的八角形水池及喷泉，四周有庭荫树、绿篱和座椅。全园的终点是居中的洞府，内有丁香女神雕像，两侧为凉廊。兰特庄园突出的特色在于以不同形式的水景形成全园的中轴线。由顶层尽头的水源洞府开始，将汇集的山泉送至八角形泉池；再沿斜坡上的水阶梯将水引至第三台层，以溢流式水盘的形式送到半圆形水池中；接着又进入长条形水渠中，在第二、第三台层交界处形成帘式瀑布，流入第二台层的圆形水池中；最后，在第一台层上以水池环绕的喷泉作为高潮而结束。这条中轴线依地势形成的各种水景，结合多变的阶梯及坡道，既丰富多彩，又有统一和谐的效果。建筑分立两旁，也是为了保证中轴线的连贯（图3.32）。

3）文艺复兴后期的意大利园林

庭园文化成熟时，建筑与雕塑风格向巴洛克（Baroque，奇异古怪）风格方向转化。半世纪后，即从16世纪末到17世纪，庭园进入巴洛克时期。这一时期的意大利园林注意了意境的创造，极力追求各个主题的刻画，以塑造美妙的意境。把一些局部单独进行塑造，以突出这部分主题，体现各具特色的优美效果。对园内的主要部位或大门、台阶、壁龛等，作为视景焦点而极力加工处理，并且在构图上运用对称、几何图案或模纹花坛等达到美妙的高度。但有些过分雕琢的气氛，对四周景色照顾得不够，所以不够和谐。

4）意大利台地园的总体特征

台地园的一般布局为主要建筑物通常位于山坡地段的最高处，在它的前面沿山坡而引出的一条中轴线上，开辟一层层的台地，分别配置保坎、平台、花坛、水池、喷泉及雕像。各层台地之间以蹬道相连接。中轴线两旁栽植高耸的丝杉、黄杨、石松等树丛作为本生与周围自然环境的过渡。这是规整式与风景式相结合而以前者为主的园林形式。

台地园的另外一个特色是理水的手法远较过去丰富。于高处汇聚水源作贮水池，然后顺坡势往下引注成为水瀑、平淌或成流水梯，在下层台地则利用水落差产生的压力做出各式喷泉，在最低一层台地上又汇聚为水池。常有为欣赏流水声音而设的装置，甚至有意识地利用激水之声构成音乐的旋律。

装饰点缀的"园林小品"也极其多样，那些雕镂精致的石杉杆、石坛罐、保坎、碑铭以及为数众多的、以古典神话为题材的大理石雕像，它们本身的光亮晶莹衬托着暗绿色的树丛，与碧水蓝天相掩映，产生一种生动而强烈的色彩和质感的对比。

图3.32

图3.32　兰特庄园平面图（王梦秋 绘）

3.4.6 法国勒·诺特尔式园林（古典主义园林）

法国位于欧洲西部，地势以平原为主，少有盆地、丘陵和高原，气候温和湿润，河流纵横交错，土壤肥沃，农业发达，森林繁茂。这些天然条件对其园林风格的形成具有很大影响。

17世纪后半叶，路易十四统治时期，君主专制达到极盛，他宣称"朕即国家"，集政治、经济、军事、宗教大权于一身。经济上推行重商主义政策，鼓励商品出口，建立庞大的舰队和商船队，成立贸易公司，促进了资本主义工商业的发展，使法国一时成了生产和贸易大国，也是当时欧洲最强大的国家和文化中心。17世纪，欧洲最主要的思潮是古典主义，它产生于17世纪初期的法国，影响到欧洲其他各国，持续到19世纪初。特点是具有为王权服务的鲜明倾向性；注重理性；模仿古代，重视格律。法兰西文明渐渐取代意大利文明在文艺复兴初期的领导地位，以其浓郁的皇家特色、恢弘的气势，席卷整个欧洲。

凡尔赛宫苑是西方造园史上最为光辉的成就，成为一个向世界展示法国文化和艺术的大展台，承载着路易十四时代法国绝对君主专制中心和欧洲文化艺术中心的双重辉煌。随后影响整个欧洲，这一园林形式被称为勒·诺特尔式园林。

1661年起，路易十四命勒·诺特尔规划设计凡尔赛宫。该宫苑位于巴黎西南18千米处，占地面积巨大，规划面积达1600公顷，其中仅花园部分面积就达100公顷，如果包括外围的大林园，占地面积达6000余公顷，围墙长4千米，设有22个入口。宫苑主要的东西向主轴长约3千米，以宫殿的中轴为基础，依次布局宫邸的平台、拉托娜泉池、国王林荫道、阿波罗池和大运河，若包括伸向外围及城市的部分，则有14千米之长（图3.33）。勒·诺特尔式园林呈现出以下特征：

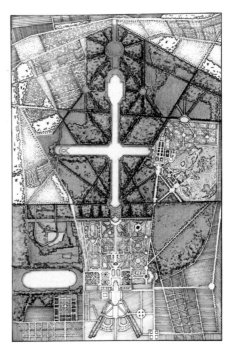

图3.33　凡尔赛宫苑平面图（王梦秋 绘）

图3.33

① 一扫当时巴洛克的奢华和烦琐，表现出优美、高雅、庄重，创造了更为统一、均衡、壮观的整体构图。其核心在于中轴的加强，使所有的要素均服从于中轴，按主次排列在两侧。

① 中轴对称的平面布局是勒·诺特尔式园林的空间结构主体，由轴线串联起一个个连续的空间序列。庭院中建筑总是中心，起着统率的作用，通常建在地形的最高处。中轴线上加以重点装饰，形成全园的视觉中心，一系列优美的花坛、雕像、泉池等都集中布置在此。

③ 融于自然的地形处理。法国地势平坦，园林与原有地形紧密联系，其高低起伏，完全顺应地形的走向。从空中鸟瞰，仿佛一幅巨大的有美丽图案的地毯，铺在了法国乡村的丘陵上。勒·诺特式园林主轴线一般垂直于等高线布置，这样能够使轴线两侧的高度基本持平，便于布置对称的要素，获得均衡统一的构图。同时，地势的变化也会反映在轴线上，形成一系列跌宕起伏的园林空间。但高差一般不大，因此，整体上整个园林景观表现为平缓而舒展的效果。

④ 平静开阔的水景设计。勒·诺特尔常常在园林中运用多种水景形式，包括大运河、渠溪、水梯、叠瀑、水池、喷泉及湖池等，尤其是运河的运用，成为勒·诺特式园林中不可缺少的组成部分。它强调了花园中的轴线，又利于蓄水和排水，同时还是重要的水上游乐场所，最为经典的便是凡尔赛宫苑中的水景设计。

⑤ 巧妙精美的植物景观设计。通常选择以阔叶乔木为主，尤其是当地的乡土树种，如椴树、欧洲七叶树、山毛榉、鹅耳枥等，集中种植在外围边缘的林园中，形成茂密的丛林。园景内部多用黄杨或紫杉修剪造型，作植篱或绿丛植坛，形成宏大的图案纹理。勒·诺特尔式园林的植物景观主要三种形式：丛林、花坛、树篱。花坛包括刺绣花坛、组合花坛、英国式花坛、分区花坛、柑橘花坛和水花坛等形式；丛林（bosco）包括滚木球戏场、组合丛林、星形丛林和V形丛林等形式；树篱则是花坛与丛林的分界线，厚度为 0.5~0.6 米，高而规则，且相互平行，树种有黄杨、紫杉、米心树、鹅耳枥等。在勒·诺特尔时代，花格墙成为最为盛行的一种庭园局部构成，并设有专职的工匠来负责制作。

⑥ 喷泉与阶式喷泉等流水的动态，实乃生机勃勃的庭园之魂。水渠则使庭园宽阔，并提供娱乐活动空间。

⑦ 出现了不少与庭园的气氛相吻合的雕塑作品。

3.4.7 英国自然式风景园

18 世纪英国自然式风景园的出现，改变了欧洲由规则式园林统治长达千年的历史，这是西方园林艺术领域内的一场极为深刻的革命（图 3.34）。当时英国的诗人、画家、美学家中兴起了尊重自然的理念，他们将规则式花园看作对自然的歪曲，而将风景园看作一种自然感情的流露，这为风景园的产生奠定了理论基础。此外，英国的自然地理及气候条件、畜牧业的发展和大量牧场的出现，决定了英国的乡村景观和风貌。同时，对中国古典园林的赞美和憧憬，也在一定程度上促进了英国自然式风景园的形成。

影响 18 世纪英国风景园形成的重要人物主要有：

1）威廉·坦普尔（William Temple，1628—1699 年）

英格兰政治家与外交家，于 1685 年出版了《论伊壁鸠鲁的花园》（*Upon the Garden of Epicurus*）一书，其中就有关于中国园林的介绍。威廉·坦普尔提出，一般人对于园林美的理解是对于建筑和植物的配植应符合某种比例关系，强调对称与协调，树木之间要有精确的距离，而在中国人眼里，这些却是孩子们都会做的事。他认为中国园林的最大成就在于形成了一种悦目的风景，创造出一种难以掌握的无秩序的美。

2）查尔斯·布里奇曼（Charles Bridgeman）

真正的自然式造园是从布里奇曼开始的。其设计完全摆脱规则式园林，首创隐垣。他参与了著名的斯陀园的设计和建造工作，首次在园中应用了非行列式的、不对称的树木种植形式，并且放弃了长期流行的植物雕刻。

他是规则式与自然式之间的过渡状态的代表，其作品被称为不规则化园林。隐垣是在园边不筑墙而挖一条宽沟，既可以起到区别园内外、限定园林范围的作用，又可防止园外的牲畜进入园内。而在视线上，园内与外界却无隔离之感，极目所至，远处的田野、丘陵、草地、羊群，均可成为园内的借景，从而扩大了园的空间感。

3）威廉·肯特（William Kent，1686—1748 年）

他是第一位真正摆脱了规则式园林的造园家，也是卓越的建筑师、室内设计师和画家，真正的自然风景园的创始人。他提出"自然是厌恶直线的"（Nature are abhors a straight line）。肯特善于以十分细腻的手法处理地形，经他设计的山坡和谷地，高低错落有致，令人难以觉出人工刀斧的痕迹。他参加了斯陀园、海德公园纪念塔、邱园邱宫的设计。他认为画家是以颜料在画布上作画，而造园师是以山石、植物、水体在大地上作画。

图 3.34

图 3.33　斯托海德园局部景观

4）朗斯洛特·布朗（Lancelot Brown，1715—1783 年）

布朗是肯特的学生，斯陀园的最后完成者。他对任何立地条件下建造风景园都表现得十分有把握，被称为"万能的布朗"。他在布仑海姆宫改建中大显身手。此园原是亨利·怀斯于 18 世纪初建造的勒·诺特尔式花园。之后，由布朗改建成自然风景园，成为他最有影响的作品之一，也是他改造规则式花园的标准手法：

① 去掉围墙，拆去规则式台层，恢复天然的缓坡草地。

② 将规则式水池、水渠恢复成自然式湖岸，水渠上的堤坝则建成自然式的瀑布，岸边为曲线流畅、平缓的蛇形园路。

③ 植物按自然式种植树林、草地、孤植树和树丛。

④ 采用隐垣的手法，而且比布里奇曼和肯特更加得心应手。

5）胡弗莱·雷普顿（Humphry Repton，1752—1818 年）

雷普顿是 18 世纪后期英国最著名的风景园林师，理论造诣深，著作颇丰。他在设计文特沃尔斯园时，创新地采用了将现状图与设计图重叠比较的方法。他认为：

① 绘画与园林的差异在于：首先，画家的视点是固定的，而造园则要使人在动态中纵观全园，因此应该设计不同的视点和视角；其次，园林中的视野远比绘画中的更为开阔，

而且画面随着观赏位置的不同而发生变化；第三，绘画中反映的光影、色彩都是固定的，是瞬间留下的印象，而园林则随着季节和气候、天气的不同，景象千变万化；第四，画家对风景的选择，可以根据构图的需要而任意取舍，而造园家所面临的是自然的现实；第五，园林还要满足人们的实用需求，而不仅仅是一种艺术欣赏。

② 尽量避免直线，但反对无目的的、任意弯曲的线条。

③ 不排斥一切直线，主张在建筑附近保留平台、栏杆、台阶、规则式花坛及草坪，以及通向建筑的直线式林荫路，使建筑与周围自然式园林之间和谐地过渡，愈远离建筑，愈与自然相融合。

④ 在种植方面，采用散点式、更接近于自然生长的状态，并强调树丛应由不同树龄的树木组成。

⑤ 不同树种组成的树丛，应符合不同生态习性的要求。

6）威廉·钱伯斯（William Chambers，1723—1796 年）

钱伯斯在邱园中工作了 6 年，留下不少中国风格的建筑。1761 年建造的中国塔和孔庙正是当年英国风靡一时的追求中式庭园趣味的历史写照，还在园中建了岩洞、清真寺、希腊神庙和罗马废墟。至今，中国塔和罗马废墟仍然是邱园中最引人注目的景点，可惜的是，孔庙、清真寺等均已不复存在了。

3.5 日本园林发展史

中国园林的山水骨架从汉末开始传入日本，成为日本池泉园的始祖。日本民族善于吸收外来先进文化与本土文化相结合，最终发展为自身的文化特色和风格，在园林中亦是如此。根据日本的历史变迁，日本古代园林可分为古代（大和、飞鸟、奈良、平安）、中世（镰仓、南北朝、室町）和近世（安土桃山、江户）三个阶段。

3.5.1 日本古代的园林

由于频繁向中国派出汉使，早期的日本园林表现出与中国园林相似的布局形态与文化内涵。平安时代后期停派汉使，园林开始本土化过程（亦称和化），转向池泉式园林。

1）大和时代（4 世纪初—592 年）

大和时代园林的主流是皇家宫苑园林，有记载：宫苑"穿池起苑，以盛禽兽，而好田猎，走狗试马，出入不时"，一派中国囿的景象。

2）飞鸟时代（592—710 年）

该时期的园林属于池泉山水园系列，以池为中心，增设岛屿、桥梁建筑和环池的滨楼。6 世纪中叶，佛教东渡日本，钦明天皇于宫苑中砌筑须弥山象征佛国仙境，并于池中设吴桥以仿中国园林。6 世纪末，推古天皇更广布石造，使山石在园林中盛行。皇家宫苑和贵族私宅庭院中普遍模仿中国皇家园林"一池三山"的形制。中国的神话思想和佛教开始渗透到园林中，并呈现出皇家园林与私家园林、城市园林与城外离宫并存的态势。

3）奈良时代（710—794 年）

相当于中国唐睿宗到唐德宗时期，此时整个平城京仿造长安而建，皇家园林有平城宫南苑、西池宫、松林苑、鸟池塘和城北苑等。另有平城郊外的离宫如西大寺后苑的离宫，私家园林有橘诸兄的井手别业、长屋王的佐保殿和藤原丰成的紫香别业等。考古显示，这一时期的园林仍属于池泉山水园，热衷于曲水建制，包括神山之岛和出水洲滨的做法。与同时期的中国园林相比，日本皇家园林的规模和体量较小，私家园林的文人诗情也远远不足。因此，飞鸟与奈良时代是日本对中国式山水园的舶来期。

4）平安时代（794—1185 年）

平安前期，晚唐文化对日本吸引力渐小，直至最后废止遣唐。因此，平安时代后期的园林逐渐摆脱了对中国园林的模仿，完成了和化的过程。此间是日本皇家、私家、寺院三大园林的个性化时期。

（1）皇家园林

此期皇家园林主要有神泉苑、冷然苑、淳和院、朱雀院、嵯峨院等。其中最著名的是神泉苑，它是平安时代第一代天皇桓武天皇建造的宫苑。据史料和考古资料证实，该园为池泉园规制：泉水从东北高处流向西南低处的园池，池中设岛，中轴明显，池北正中面南为乾临阁，两侧有曲廊接两阁，廊南折在端部终于临水的钓殿。

（2）私家园林

这时期的私家园林出现了寝殿造园林形式。寝殿造园林形式依旧是中轴式，轴线方向为南北向，其基本结构为：寝殿造建筑一露地一岛池。具体布局是：园中设大池，池中设中岛，岛南北用桥连通；池北有广庭，广庭之北为园林主体建筑寝殿，寝殿平面是自由的非对称式；池南为堆山，引水分两路，一路从廊下过，一路从假山中形成瀑布流入池中；池岸点缀石组，园中植梅、松、枫和柳等植物；园游以舟游为主。此类园林的典型代表作品有京都的藤原氏东三条院。

（3）寺院园林

佛家的寺院园林按寝殿造园林形式演化为净土园林。园林形式依旧是中轴式、中池式和中岛式，建筑的对称性明显保留下来。为与宗教仪式相结合，园林与戒坛结合，用植栽、木牌、垣墙、地形、地物、道路或帷幕将道佛界和俗界分开，石组布局用三尊佛教菩萨作为象征物。

总之，平安时代前期的园林仍受中国唐代园林的影响，中轴、对称、中池、中岛都是唐代皇家园林的特征。到了中期及后期，园林和化的方向是在自然山水的池泉园中极力地表现池、泉、石的日本风土特征。在净土园林中，以曼陀罗图式造园开始了寺院园林的宗教化倾向：尽管园林的主景仍是建筑的寝殿、金堂，但是日本风土化、自然荒野化、

宗教化等倾向与唐宋的诗情画意化、文人化倾向形成鲜明的对比。源于中国山水园的日本庭园在平安时代后期完成了方向性的转变。

3.5.2 日本中世的园林

1）镰仓时代（1185—1333年）

镰仓时代前期的政治文化中心仍在京都，园林的设计思想也是寝殿造园林的延续，寺院园林仍是净土园林的延续。具体还是包括中心水池、铺底卵石、立石群、石组、瀑布等，景点布局从舟游式向回游式发展，舍舟登陆，依路而行，大大增添了游览乐趣。

镰仓时代后期的武家政治和社会动荡，使佛教及寺院园林大为兴盛，禅宗思想盛行，大部分寺院改换门庭，归入禅林。禅宗园林强调内在精神，而不注重外形，是一种以组石为中心，追求自然和佛教意义的写意式山水园。梦窗疏石（1275—1301年）通过象征手法来构筑"残山剩水"，以表达禅的真谛，创造了镰仓后期枯山水的雏形。

2）南北朝时代（1333—1392年）

日本的南北朝是一个社会极度动荡的时代。寺院园林作为战乱时期世人的避难所而相对稳定，枯山水因此得到了发展与巩固。梦窗疏石完成了西芳寺庭园、天龙寺庭园、临川寺庭园、吸江庵庭园等大量枯山水实践。其中，西芳寺庭园是日本最早的枯山水范例，梦窗国师第一次在此试验了他的禅宗理想，以枯山水的坐禅石及地面的青苔直指世态，劝世礼佛。这一时期，园林最重要的特征是枯山水与真山水（指池泉部分）并存于一个

园林中。真山水部分的景点命名常带有禅宗意味，枯山水部分用石组表达，用坐禅石表明与禅宗的关系。

3）室町时代（1393—1573 年）

室町时代政体仍为武家政治，武家掌握了政权和财权，并表现出对造园的狂热。一些大将军或大名常在晚年出家，使园林出现武家和僧家两种特点。僧家的特点是园林中石组和植物的表达以枯寂和佛义为主，武家的特点是石组和建筑的粗犷和宏伟。在皇家园林和武家园林中的舟游式寝殿造园林渐渐被舟游和回游相结合的书院造庭园所替代。

此时期武家园林的代表作有金阁寺庭园和银阁寺庭园。这两个庭园都是回游与舟游相结合的园林，发挥了池泉园可游的特点。

独立的枯山水开始在寺院园林中出现，不再依附于池泉园，石庭就是其中最有代表性的一种，于小院中独立成庭。枯山水渐渐走入皇家园林和武家园林之中。此时期枯山水园林的代表作有大德寺大仙院和龙安寺石庭（图 3.35），被称为枯山水双璧。龙安寺石庭是在 250 平方米的平地上铺以白沙，上面点缀 5 组 15 个景石，象征 5 个岛群，沙象征海景，沙坪前设观景台，可以坐定思考。

室町时代园林风尚发生了本质的变化，

图 3.35

图 3.35　龙安寺枯山水景观（图片来源：http://www.gewuer.com/news/info/id/5454）

主要表现在：①武家和僧家造园远远超过皇家；②枯山水得到广泛应用，并开始独立成园；③舟游式寝殿造园林逐渐被舟游与回游相结合的书院造园林替代；④轴线式消失，中心式为主，以水池为中心成为时尚；⑤室町末期茶道与庭园相结合，成为茶庭的开始。

3.5.3　日本近世的园林

1）安土桃山时代（1573—1603 年）

室町末期至安土桃山初期，日本处于群雄割据的乱世局面，武士家的书院式庭园竞相兴盛，代表性的包括二条城、安土城、聚乐第、大阪城、伏见地等。其中主题仍以蓬莱山水为主流，石组多用大块石料，借以形成宏大凝重的气派。树木多为整形修剪式，还将成片的植物修剪成自由起伏的不规则状，使庭园总体形成大书院、大石组、大修剪的特点。

茶庭形式到了桃山时代更加勃兴起来，茶道仪式已从上层社会普及到民间，成为社会生活中的流行风尚。茶庭是自然式的宅园，截取自然美景的一个片断再现于茶庭之中，人们在茶室里边举行茶道仪式边欣赏外面美景，更有利于凝思默想以助雅兴。茶道往往将茶、画和庭三者合起来品赏，辅以石灯笼、手水钵和飞石敷石的陈设，增加了幽奥的气氛，甚至阶苔生露，翠草洗尘，有如禅宗净土的妙境，这些都成为桃山、江户时代茶庭的特点。茶庭造园家首推小堀远州（1579—1647 年），创立了远州派。

这一时期的园林有传统的池庭、豪华的平庭、枯寂的石庭、朴素的茶庭。书院造建

筑与园林结合使得园林的文人味渐浓。

2）江户时代（1603—1867 年）

江户时代相当于明万历三十一年至清同治六年，历 15 代将军。江户时代是以人为中心的时代，人文精神发展，个性思想抬头，文学艺术发展，使园林的儒家味道渐渐显露。儒家的中庸思想和《易经》中的"天人合一"终于将池泉园、枯山水、茶庭等园林形式进一步综合在一起。此时期出现了综合性的武家园林，如小石川后乐园、六义园、兼六园等；综合性的皇家园林有桂离宫、修学院离宫、仙洞御所庭园等；寺院由于宗教权势确立而建造了以真山水和枯山水为主的各式园林，至今保存下来的有金地院庭园、大德寺大仙院庭园、孤蓬庵庭园等。另外，还有以茶道为主的茶庭。

江户时代是园林的佛法、茶道、儒意综合期，表现为皇家、武家、僧家三足鼎立的状态。茶庭、池泉园、枯山水齐头并进，互相交汇融合，茶庭渗透进池泉园和枯山水。儒家思想和诗情画意得以呈现。随着枯山水和茶庭的大量建造，坐观式庭园出现。园林著述也远远超过前代，如北村援琴的《筑山庭造传》、东睦和尚的《筑山染指录》、篱岛轩秋里的《石组园生八重垣传》等。

3.5.4　日本造园要素提要

造园要素是组成庭园内涵的基本单位，庭园中需要表现和反映的主题都是通过构成要素的组合来表达的。石灯笼、石组、潭等都有完整独立的分类和含意。

1）石组

石组是指在没有任何修饰加工状态下的自然山石的组合。石一般象征山，另外还有永恒不灭、精神寄托的含意，一般有三尊石、须弥山石组、蓬莱石组、鹤龟石组、七五三石组、五行石和役石等。

2）飞石、延段

日本庭园的园路一般用沙、沙砾、切石、飞石和延段等做成，特别是茶庭，用飞石和延段较多。飞石类似于中国园林中的汀步，按照不同的石块组合分为四三连、二三连、千鸟打等，两条路交叉处放置一块较大石块，称踏分石。延段即由不同石块、石板组合而成的石路，石间成缝状，不像飞石那样明显分离。

3）潭和流水

潭常和瀑布成对出现，按落水形式不同分为向落、片落、结落等。为了模仿自然溪流，流水中设置了各种石块，转弯处有立石，水底设底石，稍露水面者称越石，起分流添景之用者称波分石。

4）石灯笼

石灯笼最初是寺庙的献灯，后广泛用于庭园中。其形状多样，设置根据庭园样式、规模、配置地的环境而定。

5）石塔

石塔可分为五轮塔、多宝塔、三重塔、五重塔和多层塔等。其中体量较大的五重塔、多层塔可单独成景，体量较小者可作添景，一般应避免正面设塔。

6）种植

日本庭园中的树木多加以整形，日本人称其为役木，役木又分为独立形和添景形两种。独立形役木一般作主景欣赏，添景形役木则配合其他物件使用，如灯笼控木配合石灯笼造景。

7）手水钵

手水钵是洗手的石器。较矮的手水钵一般旁配役石，合称蹲踞；较高者称立手水钵；若手水钵与建筑相连，则称缘手水钵。

8）竹篱、庭门和庭桥

日本多竹，竹篱十分盛行，其做工十分考究。庭门和庭桥形式较独特，种类也丰富。

3.6 西方近现代景观设计思潮

3.6.1 近代景观演变

1）城市公园

18 世纪中叶，由于中产阶级的兴起，英国的部分皇家园林开始对公众开放。随即法国、德国等国家争相效仿，开始建造一些为城市自身以及城市居民服务的开放型园林。自 19 世纪 50 年代起，美国也出现了大量的城市公园。美国第一个城市公园是 1858 年奥姆斯特德和沃克斯合作建造的纽约中央公园（图 3.36），为在城市中生活的居民提供一个具有浓厚田园风味的游憩场所。自中央公园问世之后，美国掀起了一场城市公园运动，被称为"城市公园时期"。美国作为景观设计的后起之秀，开始走向世界前列，奥姆斯特德也被誉为"现代景观设计之父"。

2）城市绿地系统

城市绿地系统的出现紧随城市公园运动之后，一些有识之士进而提出建立绿地系统的概念。1892 年，奥姆斯特德编制了波士顿公园系统方案，将公园、滨河绿地、林荫道连接起来，称之为波士顿的"翡翠项链"。1898 年，英国的霍华德提出了"田园城市"理论，之后又出现了新城、绿带的理论，标志着城市绿地系统理论和实践的基本成型，同时标志着园林概念已从孤立的地块向城市绿地系统方面做了划时代的转变。

图 3.36

图 3.36　纽约中央公园鸟瞰（图片来源：https://m.bizhitupian.com/wall/7410.html）

3）国家公园

国家公园是 19 世纪末诞生于美国的又一种新型园林。在美国工业高速发展的情况下，大规模铺设铁路、开辟矿山，导致大片草原、森林遭到严重破坏，动植物失去赖以生存的环境。在这种社会背景下，1872年，美国国会通过了设立国家公园的法案，并建立了第一个国家公园——黄石国家公园（Yellowstone N. P.）。美国的国家公园体系包括国家公园、国家史迹公园、国家军事公园、国家纪念物、国家战迹地公园、国家河川风景地域、国家风景保护地等，国家公园是最典型的自然公园。建立国家公园的宗旨是对未遭受人类重大干扰的特殊自然景观、天然动植物群落、有特色的地质地貌加以保护，保持其固有面貌，并在此前提下向游人开放，为人们提供在自然中休息的环境，同时也是认识自然、对大自然进行科学研究的场所（图 3.37）。

图 3.37

图 3.37　约塞米蒂国家公园（图片来源：https://you.ctrip.com/photos/sight/shanghai2/r71346-123044501-p1.html）

3.6.2　现代景观思潮

1）工艺美术运动

19世纪中期，在英国以拉斯金（John Ruskin，1819—1900年）和莫里斯（Willam Morris，1834—1896年）为首的一批社会活动家和艺术家发起了"工艺美术运动"（Arts and Crafts Movement）。工艺美术运动是由于厌恶矫饰的风格，恐惧工业化的大生产而产生的，因此在设计上反对华而不实的维多利亚风格，提倡简单、朴实、具有良好功能的设计，在装饰上推崇自然主义和东方艺术。

2）新艺术运动

新艺术运动（Art Nouveau，法语）是19世纪末20世纪初在欧洲发生的一次大众化的艺术实践活动，它反对传统的模式，在设计中强调装饰效果，希望通过装饰的手段创造出一种新的设计风格，主要表现在追求自然曲线形和直线几何形两种形式。新艺术运动中的园林以庭园为主，对后来的园林产生了广泛影响，它是现代主义之前有益的探索和准备，同时预示着现代主义时代的到来。

3）现代主义

现代主义的景观设计经过一段时期的实践，逐渐形成了集功能、空间组织、形式创新为一体的现代设计风格。一方面，设计追求良好的使用功能；另一方面，不再拘泥于明显的传统园林形式与风格，不再刻意追求烦琐的装饰，更提倡设计平面布置与空间组织的自由、形式的简洁、线条的明快与流畅，以及设计手法的丰富性。代表人物包括：

（1）托马斯·丘奇（Thomas Church，1902—1998年）

托马斯·丘奇是20世纪美国现代景观设计的奠基人之一，"加州学派"的代表设计师，是20世纪少数几个能从古典主义和新古典主义的设计完全转向现代园林的形式和空间的设计师之一。托马斯·丘奇的"加州花园"的设计风格平息了规则式和自然式的斗争，创造了与功能相适应的形式，使建筑和自然环境之间有了一种新的衔接方式。丘奇最著名的作品是1948年的唐纳花园（Donnel Garden）（图3.38）。

图 3.38

图 3.38　唐纳花园（图片来源：http://blog.sina.com.cn/s/blog_743391150102xnai.html）

（2）劳伦斯·哈普林（Lawrence Halprin，1916—2009 年）

劳伦斯·哈普林是二战后美国景观规划设计最重要的理论家之一。其最重要的作品是 1960 年为波特兰市设计的一组广场和绿地（图 3.39）。将人工化的自然要素插入环境，把这些事物引入都市，这种设计是基于某种自然的体验，而不是对自然的简单抄袭。反复研究加州席尔拉山山间的溪流并设计出了喷泉的水流轨迹，将自然等高线简化，做成爱悦广场的不规则台地。

4）生态主义

1969 年，伊恩·麦克哈格（In McHarg）的经典著作《设计结合自然》（*Design with Nature*）问世，掀起了生态景观的高潮，运用生态学原理研究大自然特征，成为 20 世纪 70 年代以来西方推崇的景观规划设计学科的里程碑著作。受生态思想和环境保护主义思想的影响，更多的景观设计师在设计中遵循生态的原则，生态主义成为当代景观设计中一个普遍的原则。在《设计结合自然》一书中，麦克哈格的视线跨越整个原野，将注意力集中在大尺度景观和环境规划上。他将整个景观作为一个生态系统，在这个系统中，地理学、土地利用、气候、植物、野生动物都是重要的因素。麦克哈格的理论将园林规划设计提高到了一个科学的高度。

随后，一批风景园林师在景观设计中进行了生态主义实践。著名的有理查德·哈格（Richard Haag）设计的美国西雅图煤气厂公园（图 3.40）和彼得·拉茨（Peter Latz）设计的德国北杜伊斯堡风景公园（图 3.41）等。在这些实践中，风景园林师遵循生态原则，遵循生命规律。

图 3.39　劳伦斯·哈普林在波特兰市设计的一组广场和绿地（图片来源：https://mooool.com/lovejoy-fountain-park-by-lawrence-halprin.html）

图 3.40　美国西雅图煤气厂公园节点（图片来源：https://you.ctrip.com/sight/seattle253/1699175.html）

5）后现代主义

20 世纪 80 年代以来，人们对现代主义逐渐感到厌倦，"后现代主义"（Post-modernism）应运而生。后现代主义设计表明，当代景观设计在新的文化背景下产生的丰富情感替代了纯粹功能性的审美需求。后现代主义是现代主义的延续与超越，后现代的设计应该是多元化的设计。历史主义、复古主义、折衷主义、文脉主义、隐喻与象征、非联系有序系统层、讽刺、诙谐都成了园林设计师可以接受的思想，产生了许多新的流派和设计思潮。

（1）后现代主义景观

其特点是注重地方传统，强调借鉴历史，结合当地环境，从历史样式中寻找装饰灵感。典型代表作有美国新奥尔良市意大利广场、巴黎雪铁龙公园（图 3.42）等。法国巴黎雪铁龙公园是一个不同园林文化传统的组合体，将传统要素用现代设计手法组合重现，体现了典型的后现代主义思想。

（2）解构主义

"解构主义"最早是由法国哲学家德里达提出的，在 20 世纪 80 年代，成为西方建筑界的热门话题。"解构主义"可以说是一

图 3.41

图 3.42

图 3.41　德国北杜伊斯堡风景公园节点（图片来源：https://www.mianfeiwendang.com/）

图 3.42　法国巴黎安德列雪铁龙公园（图片来源：http://www.flybridal.com/jidujiao/hsrpolo.php）

种设计中的哲学思想，它采用歪曲、错位、变形的手法，反对设计中的统一与和谐，反对形式、功能、结构、经济彼此之间的有机联系，产生一种特殊的不安感。解构主义的风格并没有形成主流，被列为解构主义的景观作品也极少，但它丰富了景观设计的表现力。

巴黎为纪念法国大革命 200 周年而建设的九大工程之一的拉·维莱特公园（图 3.43）是解构主义景观设计的典型实例。设计师伯纳德·屈米（Bernard Tschumi，1944 年生于瑞士洛桑）将公园的要素通过点、线、面来分解，各自组成完整的系统，然后以新的方式进行叠加。"点"即在基址上按 120 米 × 120 米画一个严谨的方格网，在方格网内约 40 个交汇点上各设置了一个耀眼的红色建筑——"Folie"（豪华，法语）； "线"的要素有两条长廊、几条笔直的林荫路和一条贯通全园主要部分的流线形游览路； "面"的要素就是 10 个主题园和其他场地、草坪及树丛。三层体系各自都以不同的几何秩序来布局，互不联系。三者之间形成了强烈的交叉与冲突，构成矛盾。

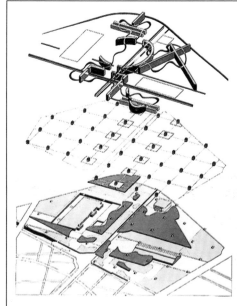

图 3.43

图 3.43 拉·维莱特公园景观结构与节点（图片来源：https://dy.163.com/article/DLOFUKN90516HD48.html）

（3）极简主义

极简主义（Minimalism）产生于 20 世纪 60 年代，追求抽象、简化、几何秩序，以极为单一、简洁的几何形体或数个单一形体的连续重复构成作品。极简主义对于当代建筑和园林景观设计都产生相当大的影响。不少设计师在园林设计中从形式上追求极度简化，用较少的形状、物体和材料控制大尺度的空间，或是运用单纯的几何形体构成景观要素和单元，形成简洁有序的现代景观。代表人物有彼得·沃克（Peter Walker）、玛莎·施瓦茨（Martha Schwartz）等。典型

代表作有沃克设计的泰纳喷泉、伯纳特公园和日本幕张的 IBM 大楼庭院（图 3.44）。

（4）大地艺术

大地艺术最本质的特征是将自然作为作品的重要元素，形成与自然共生的结构。与极简主义相似，大地艺术多运用简单和原始的形式，它强调与自然的沟通，通过给特定的场所加入艺术的手段而创造出精神化的场所，富有生态主义精神和浪漫主义色彩。典型代表作有罗伯特·史密森（Robert Smithson）的螺旋形防波堤（图 3.45）和沃尔特·德·玛利亚（Walter de Maria）的闪电原野等。

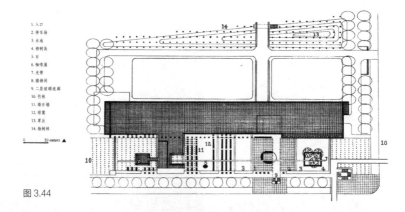

1. 入口
2. 停车场
3. 水池
4. 榉树岛
5. 石
6. 咖啡屋
7. 光带
8. 楼梯间
9. 二层玻璃连廊
10. 竹林
11. 叠石墙
12. 绿翼
13. 草丘
14. 榉树林

0　20 meters ▲

图 3.44

图 3.45

图 3.44　日本幕张的 IBM 大楼庭院平面图（王梦秋 绘）
图 3.45　史密森（Robert Smithson）的螺旋形防波堤
　　　　（图片来源：https://www.sohu.com/a/259190843_119350；http://news.cntv.cn/20111017/108903.shtml）

景观规划设计的方法论

4.1 景观规划设计的原则

4.1.1 政策性与规范性原则

要贯彻国家在绿地建设、景观建设、生态文明建设等方面的方针政策，尊重城市上位规划，将景观规划设计置于城市绿地系统规划和城市总体规划设计中，遵守相关标准规范，如国务院颁布的《城市绿化条例》、行业标准《公园设计规范》及相关文件等。

4.1.2 以人为本与功能性原则

要充分考虑使用者需求，尤其是大众对景观的使用要求，丰富场地的活动内容及空间类型。设计师要充分掌握人的生活和行为规律，研究场地现状及自然地形与功能性需求之间的有机融合，找准场地定位，合理组织不同功能区域。

4.1.3 艺术性与地域性原则

要从文化艺术符号、传统建筑语言、风俗信仰中提炼创作思路，继承中华优秀传统文化基因，广泛吸收国外先进理念，开拓创新；挖掘当地历史文化，与自然景观相结合，体现地方特点和风格，使每个场所都具有独特的精神内涵，避免景观同质化。

4.1.4 科学性与经济性原则

景观规划设计要立足于本地区的经济社会发展现状，充分考虑当地的生活水平和接受能力。特别注意设计区域的地形、土壤等自然条件，满足工程技术和经济要求，并制定切实可行的分期建设计划及经营管理措施。

4.1.5 整体性与生态性原则

景观规划设计首先必须符合当地的整体环境利益，必须从整体上把握其视觉的、美学的、经济的价值，不能以偏盖全。必须以最小介入、适度设计为出发点，尽可能不给环境造成巨大的改变，要循序渐进，可持续发展，逐步完善。同时，尊重自然发展过程，倡导能源与物质的循环利用和场地的自我维持，发展可持续的处理技术等思想要贯穿于景观设计、建造和管理的始终。

4.2　景观规划设计的步骤

景观规划设计从项目立项到最终完成，大体经过分析、规划、设计和管理四个主要过程。

4.2.1　分析

分析是基于生态学、环境科学、美学等诸多方面对景观对象进行预先分析和综合评估，作为景观规划设计的重要依据。

1）基地现状调查

（1）获取项目信息

通过与甲方交谈和阅读招标文件，了解甲方对项目的要求，获取测绘图、现状图等图纸信息；收集自然与人工条件资料，主要包括气候（温度、湿度、风向）、水文、植被、人文资料（历史文物、风俗文化、典故等）。

（2）现场调查与测绘

现场调查与测绘是对场地环境基础因素的认知过程，是利用现有地形图，结合实地勘测，以实现对环境中不同类型因素的数据收集并对其进行图形化表达，为场地评价提供齐全的基础资料，以及建立相对精准的图纸表达。通过实地观察，系统地了解和把握场地与周边环境的关系，直观地感受场地的景观特征。除了完善补充图纸信息和收集的资料以外，记录基地和周边的环境、视线、视域变化和特点等视觉综合质量。当资料不全和现场踏勘不足，无法准确把握地形起伏、坡度、地表物等时，需要制定详细的测量目录，委托专业勘查测量单位进行现状测量，同时注明测量范围、比例尺、参考基准点位置、特别景观标志物，如古树等。

2）现场分析

现场分析包括自然条件分析、环境条件分析、景观定位分析、服务对象分析、经济技术指标分析等。以对场所的科学认知为依据，在最大限度利用自然的基础上对自然环境、空间结构与形态以及地域文脉等层面的资源条件和场所特征进行合理的重组与利用，从而满足场所中可预见的人的行为需求，进一步明确景观设计的问题与机遇。景观设计是自然环境与社会相接触的界面，涉及两者之间相互关系的平衡，最终导出特定环境范围下的设计课题。

4.2.2　规划

规划过程就是在对场所各要素加以研究分析的基础上，将各设计要素与场所进行耦合的过程。根据社会和自然状况、环境评价、不同年龄段服务对象的活动特点及兴趣爱好等需要，将场地规划成几个功能区或景区，大致反映未来空间发展的景观面貌。在规划分区建立后，进一步深化规划总图。

4.2.3　设计

对各个分区的未来空间面貌进行具体的表现,制定详细的设计方案。经过要素选址后,设计的视野聚焦到较小的尺度之内,需要从与环境对话的角度出发对建筑单体和群体两个层次以及景观进行控制,包括了建筑色彩、建筑风格、建筑体量、建筑高度、建设强度、建筑群体空间组合形式、建筑轮廓线、景观视线、绿化率、林缘线、乔灌草比例以及树种种植控制等方面。

4.2.4　管理

对创造出的景观和需要保护的景观进行长期的管理,以确保景观价值的延续性。

4.3　场地调研与分析方法

4.3.1　自然环境要素分析与评价

对现有环境资源建立合理评价体系,明确场地适宜性及建设强度,尽可能避免设计过程的主观性和盲目性,是现代景观设计方法着重解决的问题,也是实现景观资源综合效益最大化以及可持续化的基本前提。把研究问题、对象、目标与资料调查、分析联系在一起,寻求相互之间的关系平衡点,预测解决问题的方法。主要包括生态承载力分析、生态适宜性分析、生态敏感性分析等几个方面。

1）生态承载力分析

生态承载力主要针对特定景观环境范围内生态环境最大可能承载的游人规模、空间建设规模以及开发强度等做专项分析,以确定环境承受力允许下的人为干扰强度。

2）生态适宜性分析

生态适宜性分析的目标是以景观生态类型为评价单元,根据区域景观资源与环境特征、发展需求与资源利用要求,针对各类发展用地自身要求而制定的适宜性评价体系标准。常用的方法是分项叠加分析法（图4.1）,也叫"千层饼叠加模式",是以因子分层分析和各分析图最终叠加生成为核心的分析方法。在复杂的环境条件下,采用单一景观条件指标为分析因子,分析制图,用灰白两色区分某种因子条件下的土地利用方式的适宜性和有害性。适宜性分析是根据生态环境调查和土地使用者的共同价值观念,在维护土地景观特征稳定发展的基础上,确定某一特定地区适合哪种或哪几种土地利用类型。通过逐个制图,最后将单因子评价图层叠加生成,通过感光摄影技术得到土地综合适宜性分布图,通过灰色度来区分土地适宜性程度。

该方法有利于清晰地分析复杂环境问题，客观地综合评价土地的环境问题。

3）生态敏感性分析

生态敏感性是指生态系统对区域内自然和人类活动干扰的敏感程度，它反映区域生态系统在遇到干扰时，发生生态环境问题的难易程度和可能性的大小，并用来表征外界干扰可能造成的后果。即在同样干扰强度或外力作用下，各类生态系统出现区域生态环境问题可能性的大小。

场地的生态敏感性可借助于地理信息系统（GIS）技术进行分析，采用因子叠加法，将研究区域分为不同敏感等级，并分析其区域分布特征，亦可对规划后的格局进行预测，从而为合理规划土地利用和功能区划提供依据。

4.3.2 人类行为调查与分析方法

景观环境设计的目的在于通过创造人性化的空间环境，满足不同人群的行为需求。人在景观环境中的行为是景观环境和人交互作用的结果，人的行为影响着环境，同时环境也改变着人的生活方式乃至观念。行为与环境的相互影响是客观存在的一种互动关系。

设计师根据大量的对于类似场地环境和使用人群的研究分析，预测待建场地上使用人群的活动方式与行为特点，根据不同的活动方式与使用人群确定各种不同的环境要素与环境设施。从整体出发，通过不断调整景观自身构成要素以适应潜在的行为（图4.2）。

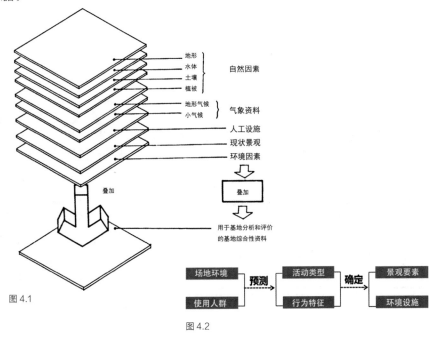

图 4.1

图 4.2

图 4.1　景观分项叠加分析法示意
图 4.2　人类行为调查分析的逻辑与意义

通过研究景观环境中人的行为方式，对不同年龄、性别、文化层次、爱好等因素的使用人群进行调查分析。根据环境中行为的发生频率，可分为必要性行为、高频行为、偶然性行为，这样更好地把握不同的行为模式和特定的空间形态与环境之间的关联。

分析的方法包括：

1）行为观察法

行为观察法是根据研究对象的需要，研究者有目的、有计划地运用自己的视觉、听觉器官或借助其他科学观察工具，包括摄像机、录音机、眼动仪等工具，直接观测研究景观环境，从而做出分析与结论。

2）问卷调查法

问卷调查法是景观空间调研中应用最广泛的方法之一，是行为观察法的重要补充。是在其基础上结合访谈的结果，能使问卷调查的结果尽可能接近客观。图 4.3 为设计山东大学威海校区学生宿舍区某广场前，对人群结构、行为特征和功能需求进行的问卷调查。结果表明，在人群结构上，以学生为主，教师和校园其他工作人员为辅，节假日以及放学后参与游戏的儿童占有一定的比例。在功能需求方面，观赏性和娱乐性需求比重大，其次应具备一定的交流私密场所，休息性功能的需求最小。

3）行为地图法

行为地图法是一种研究人员将特定时间段、特定地点发生的行为标记在一张按比例绘制的地图上的方法，常把不同行为或不同人群用符号标记在图上。其特点是直接明了，与设计最容易结合。

4）统计分析法

统计分析法是行为地图法的重要补充，它在行为地图法的基础上补充利用调查搜集来的大量数据，再运用统计学原理来分析空

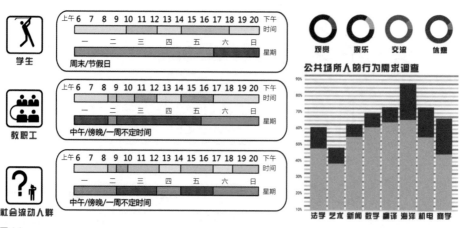

图 4.3

图 4.3　山东大学威海校区学生宿舍区某广场使用人群及需求调查

间环境与人的行为模式以及心理特征之间的关系，是一种定量化的科学分析方法。

4.3.3 人文景观评价

在景观环境的规划设计过程中，对场地历史文化的前期评价是不可或缺的。景观评价不仅仅是对物质环境的调研与分析，更是提取环境中所需延续的人文因素，包括场所精神的提炼与文脉特征的延续，借此实现人们对场地环境的历史认同，以增强场所的可识别性。人文景观评价的内容包括：

1）人文景观的历史价值

一方面，应对历史文化遗产进行等级分类，确定其保护类型以及保护范围；另一方面，对其他不在保护范围内的历史遗存，乃至非物质文化景观进行打分测评，在明确其历史价值的同时，对其加以合理的保护和利用。

2）人文景观的艺术价值

无论是历史文化遗产、历史遗存还是非物质文化景观，均反映了长期以来人们对场地的认知。美学价值以及观赏性是评价的主要内容，在对历史遗存进行保护的同时，提取符合时代审美的构成要素并加以强化。

3）人文景观的地域性价值

景观环境中固有的自然属性与文化背景相结合形成的场地的地域性特征，是人们对场地认知的首要因素，与场所具有不可分割性。

4）人文景观的再利用价值

历史遗存能否在现代景观中得到再利用，主要针对空间形态与文化关联性、地域性特征的可识别性、文化内涵三个方面进行评价。

4.4 景观设计思维与创意过程

景观规划设计过程是一种高级而复杂的思维活动，它运用自然、人文、工程、技术等综合知识、技巧解决空间问题，同时创造出新的空间秩序与意义，也是一种高级的创造性活动。空间、行为、美观、生态、技术等都是影响景观规划设计的关键因素，设计思维活动不应单纯依据某一要素加以发展，而忽略多因子的综合作用。

4.4.1 感性与理性思维的矛盾统一

感性思维和理性思维在景观规划设计中具有同样重要的地位，均不可忽视。设计的目标使得环境的分析与认知过程具有理性特征，而景观作为美的境域，其形式、空间、意境美的营造又具有鲜明的感性特征。因此，景观规划设计实践中把握思维的基本规律，可以实现规划设计的多种目标。感性思维与理性思维的交织、并行是景观规划设计思维发展的必然趋势。设计创意过程往往表现为理性思维在前，而后融入感性思维的特征。

图 4.3 中对校园广场景观设计的场地分析，认为交通与审美是本设计要解决的基本问题，而多样化则是构建空间体验感的前提。根据场地人群特征，需要设置不同开合层次的空间，既要有开放性，便于人与人之间的活动，也要有适度私密的半开放空间，达到景观、人与设施之间的完美融合。这一过程中理性思维发挥主导作用。在形式的创意设计中，本着对美的极致追求这一唯一准则，

在复杂交织的众多几何元素中，选取被称为最美几何图形的黄金分割矩形为设计元素进行分裂重组，基地的路网在这些平行交错的黄金分割线中诞生。这一过程以感性思维为主导。结合功能与审美，形成了场地的整体布局平面图（图 4.4）。

4.4.2 设计思维的特点

1）复合性

对于景观的研究包括生境、功能、空间形态等全方位的观察，其中对人的行为、空间形式、生态等技术层面的研究缺一不可。认知场所存在的规律，景观设计需要面对有

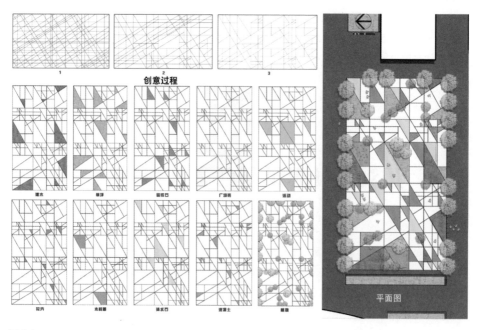

图 4.4

图 4.4　山东大学威海校区学生宿舍区某广场总体布局创意设计过程

机体、无机体、功能、空间、意境等多重要求。不同的问题需要在不同层面加以解决，笼统地处理多因子无疑增加了解决问题的难度。

2）创造性

景观设计中所谓思维的"创造性"，不同于其他艺术形式的天马行空和灵感突现，而是在研究景观环境中人的潜在行为、空间特征、生态条件等综合因素的基础上，通过叠加、重组与融合而创造全新的、和谐统一的空间环境，同时营造空间以外的意境。创造即发现、判断与重组的过程。

3）图式思维

"图式思维"是一种设计思考模式的术语，其本意为用速写或草图等图形方式帮助设计思考。简言之，图式思维即"用图形帮助思考"，又称图解思考，这类思考通常与设计构思阶段相联系。

图式在设计概念的形成、表达、推演、发展的过程中有着不可替代的地位和作用。尤其对于景观设计而言，尺度较大，动态空间流程较长，图式思维则贯穿于设计的各个阶段。图式思维是一个将人的认知和创造性逐渐深入的过程。设计师以图形记录的方式将思维的过程用动态的方式加以表达。

山东大学威海校区知行楼屋顶花园景观设计以中国山水画为设计原型，采用图式思维实现了从具象山水画到抽象景观空间意境的营造（图4.5、图4.6）。

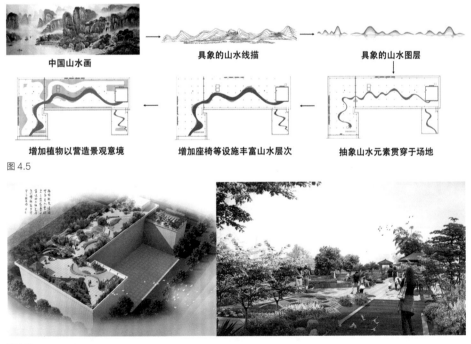

中国山水画　　　　　　**具象的山水线描**　　　　　　**具象的山水图层**

增加植物以营造景观意境　　**增加座椅等设施丰富山水层次**　　**抽象山水元素贯穿于场地**

图4.5

图4.6

图4.5　山东大学威海校区知行楼屋顶花园景观空间设计的图式思维过程

图4.6　山东大学威海校区知行楼屋顶花园鸟瞰及节点效果图

4.4.3 设计思维的构成

1）逻辑思维

逻辑思维表现为概念、判断、推理的逐级构建，以概念为思维的细胞，在概念的基础上构成判断，在判断的基础上进行推理，由已知出发得到新知。由此，逻辑思维具有间接性和概括性，是一种具有分析性、程序性、论证性的思维。景观设计需要逻辑的思考，进而产生创造性的思维。对于景观环境的感悟，直觉思维是对逻辑的超越。直觉思维是基于设计师自身的长期积累和实践，对于特定场地和环境产生的概括而感性的认知。当主体对事物进行判别时，面对一定的事实材料，通过头脑的综合加工，迅速地揭示事实材料背后隐藏的本质，从而实现对事物"共鸣"的理解。

设计案例：山东大学威海校区学生宿舍区某广场设计方案二。设计者以"山海鎏金"为主题，由校园山海相依的特色，从山崎千寻和海水绵延的概念出发，结合大学育才之本，判断隐喻为"山海之间，读书万卷，有缘而面；星辰为伴，草木芊芊，惜时如金"，随后推演出如图 4.7 所示的独特构筑物景观空间。构筑物以方形元素为主体，借助轻盈而富于节奏感的横竖向排列，以流动感打破方形与直线的生硬，营造了统一而功能多元化的景观形态。构筑物可为廊架，可为座椅，可为通道，可为小品（图 4.8～图 4.10）。如同人生，时而需要攀登，时而停下看看风景，行走于校园内，品味"书山有路勤为径"的艰辛，亦有"停车坐爱枫林晚"的惬意。寓意着每一位大学生都有自己的"山海相逢，流金岁月"。

图 4.7

图 4.7　"山海鎏金"的逻辑思维推演过程（设计：徐泽凡、房克凡、曲威扬，指导教师：张剑）

图 4.8

图 4.9

图 4.10

图 4.8　"山海鎏金"的构筑物功能的多元化设计
图 4.9　"山海鎏金"的效果与立面图
图 4.10　"山海鎏金"的平面图与季相表达

2）发散性思维

景观设计往往需要满足功能、生态、空间、形式、意境等多重要求，具有多目标性，将不同层面的要求整合成有机体，因此景观设计思维的本质在于在不同目的与要求之间建立合乎规律的内在联系。设计思维由"发散"开始，经过评价、权衡、推敲，综合整合，最终确立某一方向深入发展，逐渐趋向"唯一"。

设计案例：威海市毕家疃集市景观改造。该方案设计前，通过现场调查和资料收集，形成了如图 4.11 所示的场所意向关键词。从历史文化层面看，毕家疃建于明代，是一个古老的渔村，几十年前还都是海草房，现已荡然无存。历史上，毕家疃还是一个善于经营的村子，赶集是威海人的传统习俗，也是老威海人的一种习惯。毕家疃大集是威海举

办较早的几个大集之一，每逢农历四日、九日，就会有数以千计的本地人汇集于此赶集。集市的热闹、质朴、自然无法用文字和图片描述。与超市购物的氛围截然不同，赶集似乎已经成为了一种文化符号。随着城市化的发展，集市这种传承了 2 000 多年的传统，还能在人们的视野中存在多久呢？从功能层面分析，传统集市是本地居民的生活方式和历史记忆的重要载体，但规划的缺失导致集市活动的无序性和场所感。因此，有序的传统集市与商业空间以及乡土记忆的重构是本设计要解决的核心问题。最终，本设计基于场地的狭长带状形态，以几何矩形为元素划分空间（图 4.12），以海草房和剪纸艺术构建传统院落空间意象和景观意境，将集市、商业、交通、景观、文化融为一体（图 4.13、图 4.14）。

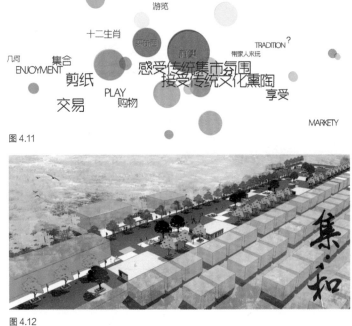

图 4.11

图 4.12

图 4.11　毕家疃集市规划中的发散性思维图示
图 4.12　毕家疃集市景观设计整体鸟瞰图

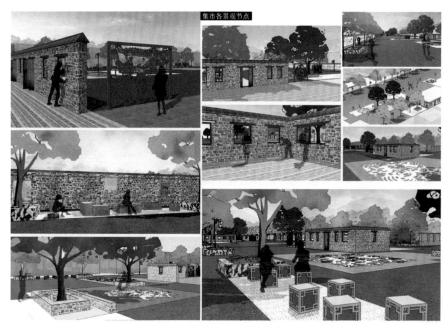

图 4.13

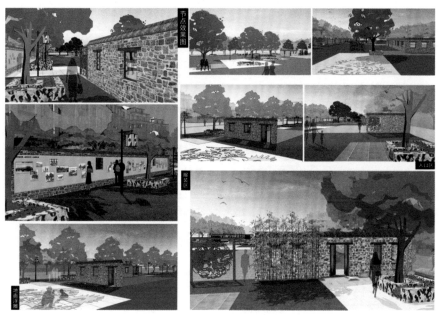

图 4.14

图 4.13　毕家疃集市景观设计节点之一
图 4.14　毕家疃集市景观设计节点之二

4.5　景观设计的表达方式

景观规划设计的表达方式多样，按照叙事的思维逻辑可以分为线性表达与非线性表达两种；按照表现手法的不同，则可以分为显性表达和隐性表达两种。

4.5.1　线性表达与非线性表达

景观设计不是以单纯的点、线、面等平面结构表达的基本要素为依据，而是着眼于解决生态、行为、空间、文化等综合问题的空间单元，其思维的特殊性意味着景观设计师都是以设计手段、景观空间为媒介来进行表达的，在设计创作思考过程中会弥散着无数意象的碎片，其表达以个人对环境的认识为基础，因此受到个体以及文化差异的影响，在叙事方式和逻辑性上表现出不同的方式。

1）线性表达

线性表达强调表达的内在逻辑性和顺序性，往往用于陈述性空间。以时间、事件、人物等为线索而展开的陈述性空间往往均采用线性结构。用线性结构编排空间序列，比较清晰易懂，容易统一。

中国古代先贤将自然宇宙中生命运动的规律称为"道"，提出"道法自然""天人合一"等自然观，其叙事逻辑多采用线性方式。这一特征在中国古典园林中表现得尤为突出。例如，扬州个园的四季假山（图4.15～图4.17），以春夏秋冬的季节更替为序列，营造了特色各异的假山景观。春山门前用笋石以栽石手法置于竹林间，构成一幅"雨后春笋"图，给人以雨后山林、春意盎然的景象，门后则广植桂花，其间配以象形湖石，组成十二生肖闹春图；夏山由玲珑剔透的太湖石堆叠而成，是池山与阁山的综合体，山势变化颇具流动感，纵横交错，阳光直射的阴影变化如夏日积云，池中睡莲浮萍，山上秀木繁阴，鹤亭翘角欲飞，一派盛夏美景；秋山规模最大，以黄石堆叠，色泽微黄，透漏出秋的颜色，有西、东、南三峰，东为主峰，呈朝揖之势，尽显自然山体之形象多变，植色叶树，秋有层林尽染之感；冬山在"透风漏月"厅前半封闭小庭院南墙处，堆叠雪石假山，象征雪景，南墙开小孔，象征北风呼啸，西墙开圆洞，可窥春景。

图 4.15

图 4.16

图 4.17

图 4.15　扬州个园之春山

图 4.16　扬州个园之夏山（左）、秋山（右）

图 4.17　扬州个园之冬山

设计案例：威海市汪疃镇前白鹿村主题壁画创作以村落来源传说为题材，按故事情节发展的脉络创作了一套连环壁画（图4.18），使乡村居民产生对本土文化的感知与认同，是典型的线性表达方式。

2）非线性表达

非线性表达突出镶嵌、拼贴、无逻辑和多义性，往往是多主题的杂糅、并陈，以多导向性的结构引发多种参观游览方式来理解其中的含义，并提供潜在情节的体验机会。与传统的线性表达方式不同，非线性叙事突破时空结构的限定，建立虚拟的现实。非线性景观语言不仅丰富景观的表现，甚至改变了景观的创作方法。

与强调逻辑关系的表达方式不同，解构主义景观设计从对传统的空间结构体系和形式系统的解构出发，并在此基础上建立新的设计美学系统。它与以往空间形态设计中所强调的纯洁、中心等级、秩序逻辑和谐稳定的形式美原则背道而驰。解构主义打破传统空间布局和构图形式意义上的中心、秩序、逻辑、完整、和谐等西方传统形式美原则，通过随意拼接、打散、叠加，对空间进行变形、扭曲、解体、错位和颠倒，产生一种散乱、残缺、突变、无秩序、不和谐、不稳定的景象。法国拉·维莱特公园就是解构主义的经典案例。

图4.18

图4.18　威海市前白鹿村故事序列壁画创作

设计案例：威海华新海大渔业废弃地景观改造。场地位于威海市孙家疃镇以北沿海地区，东望刘公岛，西接高新技术产业开发区，南经古陌隧道与市区连为一体，其所在区域素有"市区后花园"的美誉。风景优美，交通便利，地理位置优越。曾是新华海大海洋生物集团的渔业养殖加工厂，现已废弃，却承载着一定的海洋文化和工业文明内涵。景观规划设计中尽可能将场地上的材料循环使用，充分利用场地原有的建筑和设施，赋予新的使用功能，并优化景观格局。充分挖掘场地内的渔工业场房、构建、阶梯状高差与临海这三种优势资源，采用了对象分析—形式—类型—解构赋形—（新）形式的设计思维，通过结构模式的拓展变化、比例尺度的转变、空间要素的综合转化、实体要素变换重构四种类型的转变方式，以"拼贴"形式形成了20个主题各异的区域，道路采用直线构成网状结构，并用飘带形态形成曲直对比和刚柔并济的格局，构成了对工业遗产和海洋文化的表达（图4.19、图4.20）。例如，以海水养殖池的"鱼池"为设计元素，将其或抬高或降低，池内或蓄水或植入野生水草、野生草地铺装，低可踏，中可坐，高可扶，游人可戏水，可休憩，可赏景，使整个空间高低错落，色彩丰富，打造具有野趣的生态游憩空间（图4.21）。

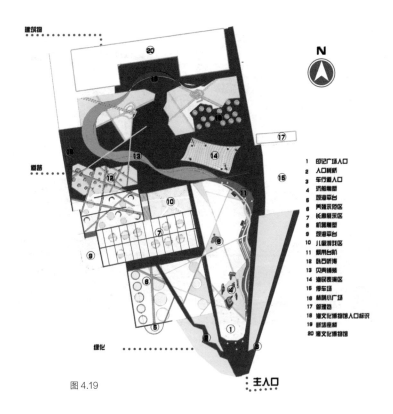

图 4.19

图 4.19　威海华新海大渔业废弃地景观改造平面图

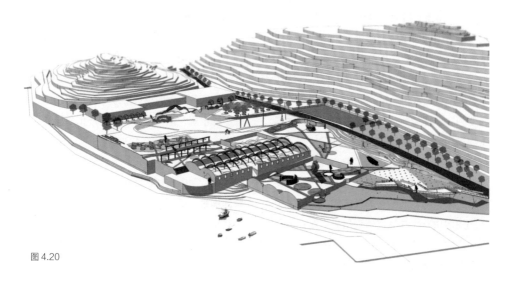

图 4.20

图 4.21

图 4.20　威海华新海大渔业废弃地景观改造鸟瞰图

图 4.21　威海华新海大渔业废弃地景观改造节点效果图

4.5.2 显性表达与隐性表达

1）显性表达

（1）直叙

在景观表达中，直叙即通过直白、明确的景观语言描述表达主题。例如，侵华日军南京大屠杀遇难同胞纪念馆入口群雕《逃难》，通过对遇难人物典型形象的直白描述，再现了当时南京人民遭遇到的灾难和屈辱（图4.22）。再如，威海市汪疃镇小阮村入口景观设计采用喷绘鲜红色彩的废弃塔吊构件，横向布置三块刻有村名的简洁石块，在提升场地活力与朝气的同时，强化了村落第二产业的主要经营内容，发挥了点题和宣传的作用（图4.23）。

图 4.22

图 4.23

图 4.22　侵华日军南京大屠杀遇难同胞纪念馆入口群雕《逃难》

图 4.23　威海市汪疃镇小阮村入口景观设计

（2）明喻

景观中的明喻是接受者联想而成的，通过对眼前景观的欣赏从而在脑海中想起熟悉的景象或事件，以此完成整个景观信息的表达和接受过程。威海市汪疃镇前白鹿村中心活动广场作为村民日常集会和交往的重要空间，设计"白鹿"主题雕塑，直接点题，廊架围绕雕塑布局，呼应村落故事壁画创作，形成村落中心活动空间（图4.24）。

（3）象征

象征也是景观设计里常用的表现方法，经常被用来传递精神文化内涵。中国古典皇家园林中，常用"一池三山"的理水格局，池中建三岛，分别象征着东海传说中的蓬莱、方丈、瀛洲三座仙山，汉代建章宫是最早见于记载的"一池三山"格局皇家园林（图4.25）。园林植物也被赋予了具有人格魅力的象征意义，例如，松、竹、梅被誉为"岁寒三友"，寓意坚定不移、高风亮节；用"雨后春笋"比喻新生事物的大量涌现；"松鹤延年"寓意长辈健康长寿。

在现代的景观设计中，设计者常常运用象征手法，使得作品在整体上呈现出一种特别的文化内涵。在空间构成中，也可将人们熟悉的事物加以概括、提炼、抽象为空间造型语言，使人联想并领略其中的含义，以增强其感染力。

设计案例：上海市普陀区莫干山路某艺术区景观设计，关注的是抑郁症这一特殊群体。目前抑郁症已成为全球第二大杀手，尤其是在上海这样的特大城市，生活和工作节奏加快，人们压力大，问题更加突出。为此，该设计以"墙的另一边"为创意主题，视觉上以墙围合或划分场地，通过提供设施给予压力较大或抑郁症人群以心灵抚慰的空间，同时墙的另一边象征自我价值的肯定和对未来美好的期盼，将这种存在于心灵中的幻想呈现于现实的世界中，为其搭建发现真实的自我价值的场所。形态上，以心形和蝴蝶结为主要设计元素，以粉白紫为主色调，营造温暖梦幻的阳光氛围，寓意打开心结去迎接美好的未来（图4.26）。

图4.24

图4.24　威海市汪疃镇前白鹿村主题雕塑

图 4.25

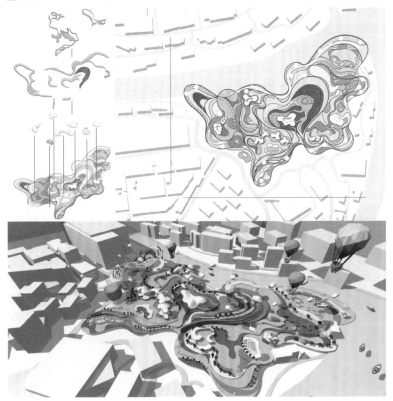

图 4.26

图 4.25　汉代建章宫复原图（王梦秋 绘）

图 4.26　上海市普陀区莫干山路某艺术区景观设计

4.5.3 设计概念的表达

1）结合自然的营造

自然生态系统生生不息，为维持人类生存和满足其需要提供各种条件和过程。让自然做功这一设计原理强调人与自然的共生和合作关系，通过与生命所遵循的过程和程序的合作，可以显著减少设计对生态环境的影响。

设计案例1：威海市福地传奇水世界景观概念性规划。场地西北角为已建成的福地传奇水上乐园，该项目需水量和水的排放量都很大，而且季节差异较大。从场地周边现有的地表水情况来看，基地内南部有大片的湿地，主要水系也在南部，并且分布着许多大小不一的池塘和水沟，中部自西南到东北有一条较长的水渠贯穿，东南部分散着若干条细长且曲折的水系，但大多呈现半干枯状态。湿地景观呈现自然状态，但是视觉质量不佳。为此，在规划设计中，梳理现状水系，尽可

能利用原河床、湿地，并将基地内水系与水上乐园或其他用水项目一起形成循环的水系统。将南部的河道经游乐园引到水上乐园，根据水上乐园用水的季节特征，在水源丰沛的雨季（6—9月），也正是水上乐园用水集中的时间段，场地内用水由场地外的老母猪河引入，向水上乐园延伸，就近提供水源，经净化后的水用于游乐设施，乐园排出的水体处理为中水后排到河道中，充分发挥湿地自身的净化功能，形成一个循环的水自净化系统。在旱季（10月—次年5月），用水量和降水量都较少，为湿地休整期，维持其生态景观功能的可持续性，实现乐园用水与自然生态的融合。景观上，充分利用大面积湿地和乡土植物，湿地栈道亲水平台等设施或鱼塘、水上乐园、温泉等一系列多层次、参与性极强的亲水游览项目，打造与水零距离接触的湿地生态景观，形成水似琉璃、涟漪微动、惊禽飞岸和轻舟短棹四大景区（图4.27、图4.28）。

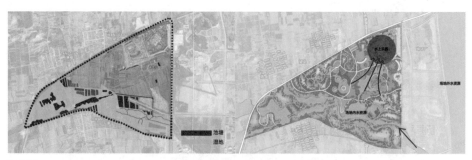

图 4.27

图 4.27　威海市福地传奇水世界湿地水体设计策略（左为现状，右为规划策略）

图 4.28

图 4.28　威海市福地传奇水世界湿地景观设计平面图

设计案例2：山东大学威海校区海潮河景观设计。场地位于校园东门附近，为从东门进入校园的必经之地。海潮河从场地中间穿过，该河道为海水与校内文心湖之间的通道，即涨潮时为海水，退潮时干涸。因河道为硬质驳岸，长期以来水质恶化，是众所周知的"臭水湖"，与校园入口景观的地位极为不符。而且场地内植物缺乏统一规划，功能性严重缺失，人与景观更缺乏互动性。该设计基于海绵城市的理念，立足雨洪管制的思想，结合具体的雨水利用技术，构建校园绿地的自然积存、自然渗透、自然净化的自然水循环，解决海潮河水质与景观问题。实现在这个景观空间中，不仅达到生态的效益，而且希望能够潜移默化且形象地影响校内师生，并辐射周围社区的居民，发挥环保教育的功能，为人们建立更加深刻的环保生态意识。结合校内师生的实际需要，设置充足有特色的集散空间和非正式交流空间。空间形式体现悠然、自然、恬静的休闲风格，满足多功能使用需求（图4.29）。

设计以"青·川"为主题。"青"的第一层意思是绿色，象征着生机，结合雨水花园的理念，打造绿色生态空间；第二层意思是青年，代表活力（图4.30）。"川"的第一层意思是川流不息，也代表生命的延续和文化的源远流长，在绿地中设置的天桥给人以不同的生态空间感受视角（图4.31）；第二层意思是指将海潮河改为自然基底和驳岸的旱溪景观，代表川流（图4.32）。

图 4.29　海潮河景观设计形态创意思维过程（设计：申珂婷、任志卿，指导教师：张剑）

图 4.30　海潮河景观平面图（左）与整体鸟瞰图（右）

图 4.31

图 4.32

图 4.31　海潮河景观不同视角的天桥空间体验（左）及场地立面图（右）

图 4.32　海潮河河道景观设计效果图

2）时代特征的彰显

景观设计不仅在建构新的场所与空间秩序，满足大众在外部空间中的使用要求，而且也应就场所中蕴含的时代特征加以表现并据此形成特色。时代特征包含了"历史"与"现在"两个重要的时间段，同时也包含两个方面，其一是自然及人为过程在场所中的积淀，另外是人们的集体记忆。在日照市凤凰城艺术乡村建筑改造设计中，设计师采用了保护与再生相结合的理念，在保留原街巷院落肌理、旧建筑、树木的基础上，栽植野草，保留乡土自然的野性，在其间进行大胆的新元素介入。建筑材料采用了老石头或民居的基本构造，但是根据造型和结构的需要，空间及建筑运用现代建筑语汇，使用了一部分混凝土和耐候钢结构，在结构和材质上均增加了革

新的意味，在避免了烦琐构造方式的同时赋予其新的层次（图4.33）。

3）典型情景的再现

在景观设计之中，"再现"不是简单地对典型情景的某些方面进行再现，而是通过对典型情景的综合分析，运用巧妙的构思，结合新的材料与技术，从而达到一种地域性景观设计的设计目标。威海市悦海公园中心灯塔景观是对威海村落中最具代表性的民居——海草房的情景再现（图4.34）。威海市汪疃镇苹果小镇祝家英村一处废弃建筑被改造为"五瓣花手工坊"，其建筑前庭院景观设计格局上再现当地典型耕地肌理，与苹果花瓣形态结合，体现乡村地域特色（图4.35）。

图4.33

图4.33　日照市凤凰城艺术乡村建筑改造设计（图片来源：https://www.sohu.com/a/242895993_188910）

图 4.34

图 4.35

图 4.34　威海市悦海公园中心灯塔景观中对当地村落海草房景观的情景再现

图 4.35　威海市汪疃镇祝家英村 "五瓣花手工坊" 景观设计

4）历史文脉的重组

（1）空间重构

景观空间的建构需要满足相应的功能要求，物质空间的重组同样也是实现场所精神的基本途径。空间承载着场所的记忆，景观空间的趣味性与艺术感染力不仅与变相的题材相关，也与空间体验过程相关联，通过对时间与空间的感知，从而建立起场所感。因此，空间的尺度、单元之间的衔接与转换都会作用于游人的感知。

威海市华新海大渔业废弃地景观改造中的主题区域之一"印记雕塑广场"位于景观入口中心地带，是连接各区、山体的过渡空间，利用地形，组合层次丰富的广场空间，体现海洋文化与工业文明融合发展的历史文脉，营造了由三个景观区构成的景观序列。第一部分以传统渔业为主题，以一艘破旧开裂的沉渔船为主雕塑，地面以渔浮镶嵌于硬质铺装，表现渔场景象；第二部分以近代陆地海水养殖为主题，以养殖场地的鱼池"圆"为设计元素，将其进行分解与重构；第三部分以近现代渔业加工业发展为主题，将基地富有特色，并具有历史文化内涵的工业构建作为雕塑，体现沿海渔业加工业的发展历程。三者以时间先后排列，体现威海渔业历史文脉（图4.36）。

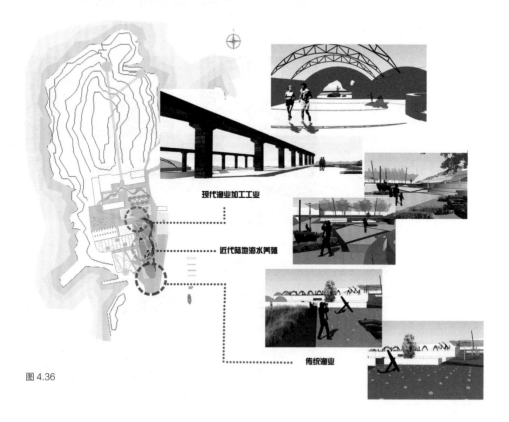

图4.36

图4.36　威海市华新海大渔业废弃地"印记雕塑广场"景观设计

（2）记忆重组

基于人体验的空间结构编排艺术，表现在空间关系上就是一种有张力的空间记忆、场所意象。景观情节的重组与编排，是建构场所感的主要措施。从这一层意义上看，景观设计又是在叙述历史事件。将不同阶段的"故事"编排起来成为连续的时空序列，唤起观者尘封的记忆，或透过形式更进一步加深观者对于眼前景象的思考与理解。

设计案例：荣成市成山头景区核心景观改造。成山头是山东陆地伸向海洋的最东端，其核心景观区以秦始皇东巡的历史为主题，现状景观秩序混乱，缺乏场所感。本设计以始皇东巡为故事情节的景观载体，从入口向海边依次展开，建筑与景观风格采用秦汉时期的阙等建筑形式，以阙门—钟亭东巡主题广场—始皇观海雕塑—秦东门构成景观主轴（图4.37），广场两侧放置编钟，营造故事发生时的场景氛围，主题广场中心的两列车辙通向东巡地图，版图东边指向秦东门，游览线经过东门伸向大海，寓意一路向东，以景观讲述历史故事。中轴对称的布局强化了游人对始皇出巡宏大场面的体验感，规范了场所秩序（图4.38、图4.39）。

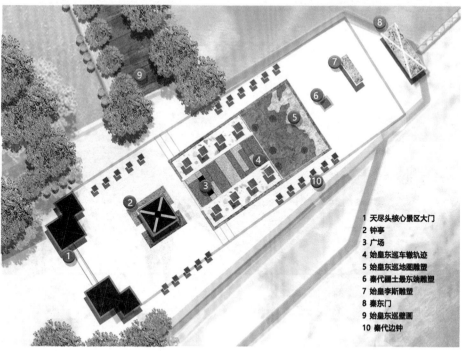

图4.37

1 天尽头核心景区大门
2 钟亭
3 广场
4 始皇东巡车辙轨迹
5 始皇东巡地图雕塑
6 秦代疆土最东端雕塑
7 始皇李斯雕塑
8 秦东门
9 始皇东巡壁画
10 秦代边钟

图4.37　荣成市成山头景区核心景观设计平面图

图 4.38

图 4.39

图 4.38　荣成市成山头景区核心景观设计效果图一
图 4.39　荣成市成山头景区核心景观设计效果图二

（3）元素的符号化

符号是对人类事物的一种简化表现载体，通过对事物元素的加工与整合，具体表现为有意义的图案或代码，实现传达的目的。符号的创作设计是运用分析、综合、归纳、推理等多种设计方法以及形象思维、逻辑思维等多种思维方式来创造的科学行为。

设计案例：威海市孙家疃镇靖子村婚庆基地规划设计。景区设计体现渔民文化与民俗爱情文化的融合，主题广场呈中轴对称，通过主题空间的串联，形成一条以民俗婚庆文化为线索的景观主题轴（图4.40）。轴线景观前奏是高达6米的剪纸雕塑的阵列，提取渔民文化元素和符号，以框架镶嵌，底部以卷帘形式结束，寓意拉开渔民文化序幕，

形成具有序列感的广场空间，使游客体验浓郁的渔民文化（图4.41）。中心雕塑则以简单轻柔的丝带形体抽象为情侣相依的动态感，采用中国红，体现中国婚姻爱情民俗主题（图4.42）。轴线以誓言墙景点收尾，为情侣提供表达彼此誓言的场所，依托山海空间，表达海誓山盟的寓意。轴线西侧为幸福广场，以男性与女性矢量符号为设计元素，演变为广场休闲座椅，随机布局，大小不一，带来舒适轻松之感，是情侣休闲交谈的最佳空间（图4.43）。轴线东侧为水景鸳鸯湖，湖上搭建红线桥，为红色网状结构，形态似心形上半部分，寓意"千里姻缘一线牵，万里挑一心上人"（图4.44）。

图4.40

图4.40　威海市孙家疃镇靖子村婚庆基地核心区景观设计平面图（左）与鸟瞰图（右）（设计: 石斌、吕硕、刘连荣，指导教师: 张剑）

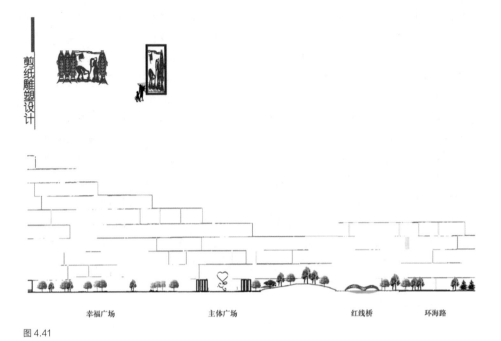

剪纸雕塑设计

幸福广场　　　　　主体广场　　　　　红线桥　　　环海路

图 4.41

中心雕塑

图 4.42

图 4.41　威海市孙家疃镇靖子村婚庆基地核心景观轴剪纸雕塑设计
图 4.42　威海市孙家疃镇靖子村婚庆基地核心景观轴中心雕塑设计

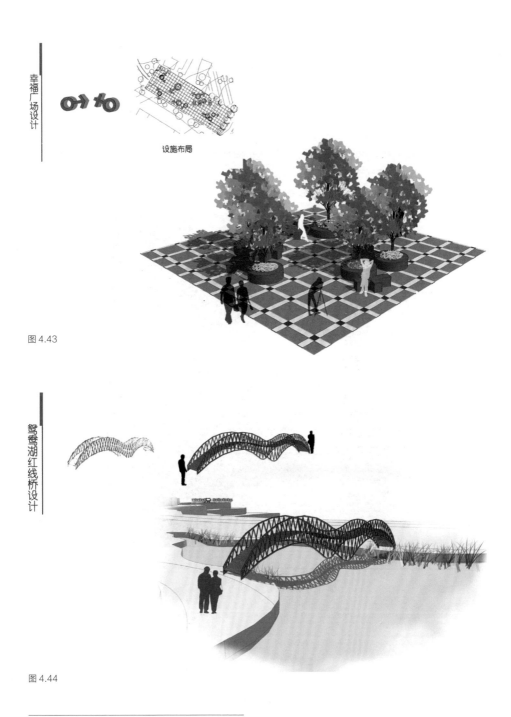

幸福广场设计

设施布局

图 4.43

鸳鸯湖红线桥设计

图 4.44

图 4.43　威海市孙家疃镇靖子村婚庆基地核心区幸福广场景观设计

图 4.44　威海市孙家疃镇靖子村婚庆基地核心区红线桥景观设计

（4）用艺术表达历史

历史蕴含丰富的意义，发掘地域文化是景观设计重要的表达渠道。将历史题材引入景观环境，成为环境中的一部分，一方面可以延续历史，另一方面也丰富了场所的文化内涵，进一步强化景观环境的个性特征。

同济大学校史馆中设计了一个玻璃立柱，里面展示的同济大学变迁中所在地的土壤，随时间先后由下到上，土壤厚度代表所在地办学时间，以艺术的手法讲述了学校的变迁史（图4.45）。

图 4.45

图 4.45　同济大学校史展馆中的土壤玻璃柱

5

景观布局与区划

○ 规划布局的形式与依据
○ 景观结构与序列
○ 规划定位与功能分区
○ 设计主题与景观分区
○ 道路系统规划
○ 案例综合分析

5.1 规划布局的形式与依据

景观规划布局的形式可分为规则式、自然式和混合式三种形式。确定景观布局形式的主要依据包括：

因为动物的生长环境本是自然山林、自然沃野，所以动物园都采用自然式布局（图 5.1）。

5.1.1 根据不同景观的性质确定布局形式

为反映不同景观的特性，场地空间必然有相对应的不同布局形式。如纪念性场所多采用规则式布局，即中轴对称、规则严整和逐步升高的地形处理，以创造出庄严、肃穆、雄伟、崇高的气氛。

儿童主题景观空间要求形式新颖、活泼、自然，创造寓教于游的环境，景色、设施与儿童的天真、活泼性格相协调。所以儿童公园一般都采用自然式的布局。

5.1.2 根据不同的文化传统确定布局形式

各民族、各国家之间的文化、艺术传统的差异，决定了其景观布局形式的差别。受中国传统文化基本精神"天人合一"哲学思想的影响，中国古典园林形成了自然式布局的规划形式。以多山国家意大利为例，由于文艺复兴运动及其传统文化的影响，即使是在自然的山地条件下，意大利的园林也仍然采用规则式布局。

图 5.1

图 5.1　北京动物园入口景观为自然式布局

5.2 景观结构与序列

5.2.1 景点与景区

1）景点

景点是构成公园的基本单元。具有一定的景观艺术审美价值，可给人以美感的观赏点就可以称之为景点。

2）景区

由若干个景点组成，若干个景区组成整个公园或场所，即"园中有园，景中有景"。景区中的景点是相互关联的，各景点在景观构成和空间组织上的有机统一，组成一个完整协调的景观空间。一个公园或场所内的各个景区都应有自己的内容和特点，具有一定的景观识别性，并服从于总的主题和特点；各个景区之间也不是各自独立的，它们同样通过一条景观联系线有机地组织在一起，共同构成整个园区的景观特色。

5.2.2 风景视线

观赏点与景点间的视线，称为风景视线。

有了好的景点，必须选择好观赏点的位置和适宜的视距，即确定风景视线。风景视线的布置原则，一般小园宜隐，大园宜显，小景宜隐，主景宜显。在实际规划设计中，往往隐显并用。

1）开门见山的风景视线

采用"显"的手法，可用对称或均衡的中轴线引导视线前进。中心内容、主要景点，始终呈现在前进的方向上。利用人们对轴线的认识和感觉，使游人意识到轴线的顶端是主要景观所在。在轴线两侧，适当布置一些次要景色作为主景的陪衬。这种风景视线形式，一般在纪念性公园和平坦用地上有特定要求的公园应用较多。例如，荣成市成山头景区入口景观设计采用规则式布局，进入入口牌坊后，作为主景的始皇东巡组合铜雕规模宏大，视觉效果震撼，映入眼帘，采用的就是开门见山的手法（图5.2）。

2）欲显还隐的风景视线

在利用地形、树丛等对主要景物进行障景的同时露出景物的一部分，逗引人们接近景点。这种风景视线的作法在我国传统的古刹丛林风景区中应用较多（图5.3）。

3）深藏不露的风景视线

将景点或景区深藏在山峦丛林之中，由甲风景视线引导至乙风景视线，再引导至丙风景视线、丁风景视线等。风景视线可以自正面而入，或从侧面迎上，或从景物的后部较小空间内导入，游客可再回头观赏，形成路转峰回、柳暗花明、豁然开朗的空间变化。苏州拙政园入口处以湖石结合地形形成完全的障景，绕过之后则是豁然开阔的庭院景观（图5.4）。杭州灵隐寺、苏州虎跑寺、昆明金殿风景区、五岳等在景区布置上基本都采取藏而不露的处理手法。

图 5.2　荣成市成山头景区入口景观设计

图 5.3　建筑的欲显还隐（苏州拙政园一隅）

图 5.4　苏州拙政园入口障景

5.2.3 景观序列

景观设计如同文章、戏剧和影视作品等其他艺术作品一样，一般都有序幕、发展、转折、高潮、尾声的处理。景点、景区在游览线上逐次展开的过程中，通常分为起景、高潮、结景三段式进行处理。也可将高潮和结景合为一体，到高潮即为风景景观的结束，成为两段式的处理。三段式：①序景—起景—发展—转折，②高潮，③转折—收缩—结景—尾景。二段式：①序景—起景—转折，②高潮（结尾）—尾景。碧海桃园小区景观主轴采用三段式景观序列（图 5.5~图 5.9）。

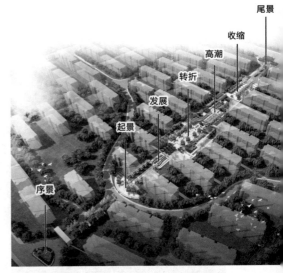

图 5.5

图 5.6

图 5.7

图 5.5　碧海桃园小区景观中轴线

图 5.6　碧海桃园小区入口景观效果图（序景）

图 5.7　碧海桃园小区中轴线起点景观效果图（起景）

图 5.8

图 5.9

图 5.8　碧海桃园小区中轴线节点景观效果图（转折）

图 5.9　碧海桃园小区中轴线核心景观区效果图（高潮）

5.3 规划定位与功能分区

5.3.1 明确规划设计定位

规划设计定位是对基地景观设计在功能和景观等方面所要达成的效果的目标。由于使用功能和景观定位范围广泛，见仁见智，常无定式。但确定合理的定位是构筑良好景观的前提。确定规划设计目标定位时，要求具有前瞻性，在景观项目设计时需要从场所出发，对其中可能发生的游憩内容加以预判。

景观项目不是"无本之木"，更非"无源之水"，生长于场所的项目更具合理性与可持续性。要考虑自然、社会、经济、文化等条件，充分利用区域自然环境，结合区域经济发展和文化水平。尊重生态演替规律、构建空间秩序、满足行为需求、传承场所文脉，通过适度设计实现景观环境的整体优化，彰显与强化场所的固有特征，保证景观的多样性，丰富人居环境（图5.10）。

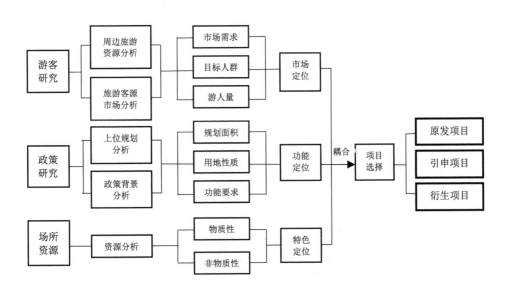

图 5.10

图 5.10　规划设计定位的分析内容及流程（胡欣欣 制）

规划设计案例：刘公岛景区定位规划。项目规划开展时，胶东半岛地区的4A级景区较多，但5A级景区较少，包括本规划场地在内仅有5处。刘公岛当前极好的资源和基础与较差的产品品质、品牌形象和影响力、景区竞争力、经营效果形成了极大的反差，同时也有非常大的发展空间，有赖于通过新的市场定位、管理体制调整和旅游产业调整等途径来实现。通过对刘公岛现有资源的调研（图5.11），结合对空间利用现状的分析（图5.12），提出：

市场定位：威海必游之地、融合历史与海岛风光的体验式度假、专项主题深度游。功能定位：甲午战争历史爱国主义教育、英租建筑历史风情体验、海岛风光与民俗观光。特色定位："岛藏风云，海韵天下"的生态人文之岛。

在上述定位下，对原有项目耦合分析后，将项目规划为：① 原发项目：刘公岛博览园品质提升项目、甲午战争陈列馆互动及海军主题改进项目、东村体验旅游开发项目；② 引申项目：西摩尔街旅游项目、蒸馏塔复原项目、老洋房旅游开发项目、环岛运动休闲项目、高尔夫旅游营销策划项目、黄岛军事旅游项目；③ 衍生项目：观光车运营模式改进项目、全岛解说系统完善项目、智慧旅游建设项目、婚纱摄影营销项目、甲午战争旅游演艺项目。（图5.13）

重点发展甲午、英租、海岛三大主题，分别形成专项旅游产品，每条线路约3小时：① 甲午战争历史观光线路：甲午战争博物馆—北洋水师提督署—丁汝昌寓所—水师学堂—黄岛炮台—铁码头—蒸馏塔—甲午战争陈列馆—东泓炮台—海边观光；② 英租历史建筑观光线路：将军楼—高尔夫博物馆及球场—画家村—穿过东村，远眺一连二连办公楼—维多利亚别墅—教堂—英人别墅—西摩尔街—沙滩休闲；③ 海岛风光民俗观光线路：刘公岛博览园—东村人家—后山环岛（二号码头栈道、莲花湾、海参养殖区）—黄岛灯塔—环岛游（图5.14）。

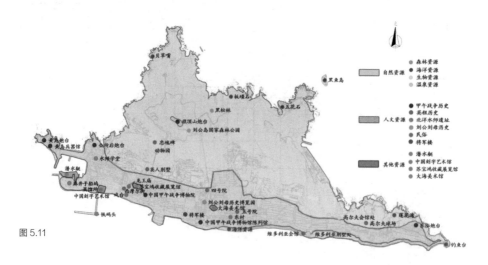

图5.11

图5.11　刘公岛景区现有资源分布

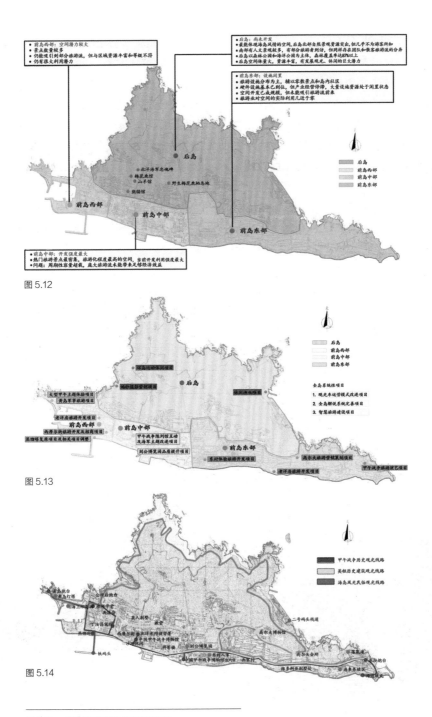

图 5.12

图 5.13

图 5.14

图 5.12　刘公岛景区空间利用现状分析

图 5.13　刘公岛景区规划项目布局

图 5.14　刘公岛景区规划游览线路

5.3.2　功能分区

　　景观功能及内容受景观场所性质和陆地面积大小所限，其功能分区应该根据规划设计定位以及场地的规模进行划分。首先，在总体目标定位下，结合场地各区域特征，明确需要布局的功能项目，在场地内进行区划。面积较小的场地，明确分区比较困难时，常将各种不同性质的活动内容作整体进行合理安排，有些项目可以做适当压缩，或将一种活动的规模、设施减少、合并到功能相近的区域内。面积较大的场地，功能分区比较重要，主要是使各类活动开展方便，互不干扰，尽可能按照自然环境和现状特点布置，因地制宜地划分各功能空间。常见的功能分区包括但不完全局限于以下分区：入口区、文化娱乐区、观赏游览区、安静休息区、儿童活动区、老人活动区、体育活动区、公园管理区等。

1）入口区

　　入口区直接关系到游人是否能方便、安全地进入公园或景观空间，影响到城市的交通秩序及景观，同时出入口的位置将直接影响公园内部的规划结构、功能分区和活动设施的布置。一般设置主入口1处，应与城市主要道路及公园交通有便捷的联系；有足够的用地解决大量人流疏散、车辆回转停靠等问题；位置的选定利于园内组织游线和景观序列等（图5.15、图5.16）。次入口（1处或多处）可设于人流移动的次要方向，还可设在公园有大量人流集散的设施附近（图5.17）。专用入口（1~2处）一般是为公园园务管理的需要设置的。

　　出入口的功能一般包括集散交通、组织公园空间及景致、美化街景、门卫和管理等。市、区级公园各个方向出入口的游人流量与附近公交车站点位置、附近人口密度及城市道路的客流量密切相关。所以公园出入口位置的确定需要考虑这些条件，确保方便游人进出，有利于完善城市街景面貌，满足城市道路交通要求。主要出入口前设置集散广场，是为了避免大量游人出入时影响城市道路交通，并确保游人安全（图5.18）。

图5.15

图5.15　山海田园农业园区入口景观设计

图 5.16

图 5.17

图 5.18

图 5.16 张公洞风景区入口景观平面及效果图（设计、绘图：徐东耀）

图 5.17 张公洞风景区贵宾接待入口景观效果图（设计、绘图：徐东耀）

图 5.18 威海幸福公园入口景观

2）文化娱乐区

景观中的"闹"区，是人流较为集中的地方，景观建筑多集中于此。设计时应避免区内各项活动的相互干扰，可利用树木、山石、土丘等加以隔离。文化娱乐设施应有良好的绿化条件，与自然景观融为一体，尽可能利用地形、地貌特点，创造出景观优美、环境舒适、投资少、效果好的景区景点（图5.19）。用地在人均30平方米较好。

3）安静休息区

安静休息区一般占地面积最大，可根据地形分散设置，闹静分离。用地选择在有大片的风景林地、较为复杂的地形和丰富的自然景观（山、谷、河、湖、泉等）、景色最优美的地方，用地100平方米/人为宜。区内景观建筑和小品的布局宜分散，密度要合理，体量不宜过大，应亲切宜人，色彩宜淡雅不宜华丽（图5.20）。

4）儿童活动区

公园中专供儿童游戏娱乐的区域，相对独立，不可与成人活动区混在一起，位置应尽量远离城市干道，避免汽车尾气和噪声的污染。区内建筑、设施的造型和色彩应符合儿童的心理，色彩艳丽，形象逼真。区内应以广场、草坪、缓坡为主，没有容易发生危险的假山、铁丝网等伤害性景观。主要活动内容和设施有：游戏场、戏水池、运动场、障碍游戏、少年宫、少年阅览室、科技馆等。儿童活动区内还应考虑设置成人休息、等候的场所（图5.21）。用地最好能达到人均50平方米。

5）园务管理区

园务管理区是为公园经营管理的需要而设置的内部专用区。区内可分为：管理办公部分、仓库工场部分、花圃苗木部分、职工生活服务部分等。这些可根据用地情况及使用情况，集中布置于一处，也可分散成几处。布置时应尽量注意隐蔽，不暴露在游览风景的主要视线上，以避免误导游人进入，可用绿色树木与其他区分隔。一方面要考虑便于执行公园的管理工作，另一方面要与城市交通有方便的联系，园内园外均应有专用的出入口。为解决消防和运输问题，区内应能通车。

图5.19

图5.19　张公洞风景区道教文化区平面及效果图（设计、绘图：徐东耀）

图 5.20

图 5.21

图 5.20　张公洞风景区松林木屋安静休息区景观效果图（设计、绘图：徐东耀）

图 5.21　张公洞风景区青少年拓展运动区效果图（设计、绘图：徐东耀）

6）观赏游览区

以观赏、游览参观为主，在区内主要进行相对安静的活动，人均游览面积 100 平方米左右较为合适。选择现状用地地形、植被等比较优越的地段设计布置园林景观，道路应根据景观展示、动态观赏的要求进行规划设计。张公洞风景区利用后山山腰的天然塌陷架设鸟网，于半空中设悬锁桥，在鸟网内营造山林、溪流、花草，放养各种珍禽，形成大型可进行观鸟体验的鸟语林，令游人可同时在山谷谷底和半空悬索桥上欣赏、亲近飞鸟（图 5.22）。

7）老人活动区

老人活动区在公园规划中应考虑设在观赏游览区或安静休息区附近，要求环境优雅、风景宜人。充足的阳光为老人身心健康所必需，因此，老人活动区最好选择设置在背风向阳之处。道路保持平整，路面、坡度都要加以考虑，不宜设步石和汀步，有相对集中的休息设施（图 5.23）。

8）体育活动区

体育活动区常常位于公园的一侧，设自己的专用出入口。体育活动区属于相对闹的功能区域，应与其他各区有相应分隔。如果公园周围已有大型的体育场、体育馆，则公园内就不必开辟体育活动区。

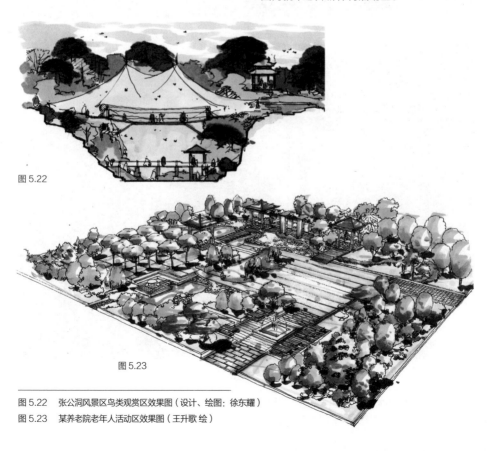

图 5.22

图 5.23

图 5.22　张公洞风景区鸟类观赏区效果图（设计、绘图：徐东耀）

图 5.23　某养老院老年人活动区效果图（王升歌　绘）

5.3.3 设计案例：威海温泉小镇景观概念性规划

项目地资源主要有温泉、植被、湿地、河流、山体和森林，通过实地考察和论证，能够作为特色和主题的是温泉和植被。项目地拥有威海唯一的淡水温泉发源地，且山林业态多元化，植物种类众多，是周边项目不具有的项目优势，项目思路应依托这两个基本点开展。立足项目的两个核心点——温泉和植被，把项目打造成"威海首席商务休闲度假园林社区"，集商务休闲、居住度假、养生康乐和人文科普为一体，力求把项目建设成为威海休闲商务的第一品牌。

首席：突出项目的标志性地位。

商务：强调项目地开展商谈、合作、交流的企业功能，打造威海商务居所示范区。

休闲：突出商务的休闲性，是普通的标准商务的延伸，以沟通感情、放松心情和增进交流为主题，是一种把享受大自然乐趣、健康养生和休闲运动集于一身的商务形式。

度假：强调不同于一般商务酒店的项目属性，侧重于长期性居住功能的打造；也突出其不同于普通住宅项目的特点，度假环境体验感远高于住宅标准，更强调环境的多元化和高品质。

园林：强调项目地的景观类型和生态特点，同时契合项目打造植物园区的主题。项目地园林的打造和一般园林不同，具有全生态、多元化园林特征。

社区：项目是一个带有商务功能的居住社区，社区的概念比小区的含义更加广泛和丰富，是品质项目的象征；同时，项目打造的是一个商务、居住的综合体。

基于上述定位分析，根据项目类别分为商务居所、温泉中心、林间木屋、植物园区、鲜食药膳、体育场馆等功能区域。其中，商务居所包括别墅区和花园洋房两个区域，植物园区包括岩生植物园、水生植物园、沿海滩涂植物园、茶圃园、药用植物园、威海植物示范园区等专项类别（图5.24）。

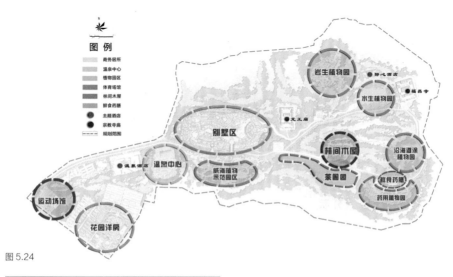

图5.24

图5.24　威海温泉小镇核心区功能分区图

5.4 设计主题与景观分区

5.4.1 确定设计主题

设计主题是在对基地现状进行综合与景观评价的基础上，协调基地所在区域相关的背景因素，提炼其景观要素，尤其是能反映地域自然与人文特征的景观要素。

在此基础上，发挥创造性思维，归纳、概括出设计主题。明确设计基地突出表现什么，通常是对基地景观设计特征的概括或冠名。主题是场地的灵魂，是对景观设计的抽象概括与特征提炼，是景观设计突出的重点，是方案设计构思的主线。在设计过程中，各种要素都要围绕主题循序渐进，逐步展开，最终达到突出主题的目的。确定设计主题需从基地的自然生态、历史、功能、社会政治、科技及文化等多层面综合分析。

设计构思与主题相互协调，相辅相成，是在场地分析的基础上，根据设计目标，围绕设计主题进行的一系列设计思维活动（图5.25）。其优劣直接关系到方案设计的好坏。

5.4.2 景观分区规划

在进行合理功能分区的基础上，组织游览路线，创造序列空间构图，安排景区、景点，是景观规划设计布局的核心内容。

1）景区

景区根据风景资源类型、景观特征或游人观赏需求而划分，每个景区都可以成为一个独立的景观空间。因此，划分时要考虑景区的独立性、连贯性、主次关系、过渡区的布置、游览区的节点设计等。景观分区要使风景与功能使用要求相配合，达到增强使用功能的效果，但不完全一致，有时需交错布置，一个功能区内常包括一个或多个景区。

按照景观的规划意图，根据游览需要，组成各种有一定范围的景色地段，形成各种风景环境和艺术境界，以此划分成不同的景区。

（1）按游人对景区环境感受效果不同划分景区

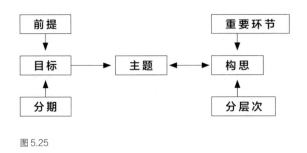

图 5.25

图 5.25　设计主题与目标、构思的关系

例如，开朗景区（水面、大草坪），雄伟景区（高大挺拔的树木、陡峭的崖壁、大石阶），幽深景区（峡谷、山间溪流），清静景区（树林）等。

（2）按复合的空间组织景区

园中园、水中水、岛中岛，形成园林景观空间的层次复合性，增加景区空间的变化和韵律。

（3）按不同季节季相组织景区

如春花、夏荫、秋实、冬枝。

（4）以不同的造园材料和地形为主体构成景区

假山园、水景园、岩石园、树木园、山水园、花草园等。

2）景点

根据景点的景观特色和空间环境的意向对其命名，即为"景名"，要求结合一些文化艺术要求进行高度概括，点出景色的精华和所表达的境界，使游人能产生更深的感受。

直白：万树山、万竹园、白鹭洲。

含蓄：杏帘在望、涵虚亭、拥翠亭。

西湖十景：花港观鱼、断桥残雪、三潭映月、苏堤春晓、柳浪闻莺、南屏晚钟、雷峰夕照、曲院荷风、平湖秋月、双峰插云，这些景名极富意境之美，又点出景观要素，融合了听觉与视觉，并体现了景观的时空变化特征。

5.4.3 设计案例：安丘百合婚纱摄影基地

通过对安丘百合婚纱摄影基地园区的地形地貌、气候及水文条件、景观设计特色、开发现状和用地条件的调研与分析，结合发展目标，依据空间布局原则，整合百合园区现有资源和发展诉求，将园区在空间结构上划分为"两轴""三带""四区"的总体空间格局。其中"两轴""三带"是以景观带空间分布为基础来划分的，而"四区"则是结合景观风格特色和爱情主题故事的发展来划分的。

"两轴"分别是指在园区中间贯穿整个园区南北向的主体景观发展轴，连接入口、百合花海、欧式观景亭、四季花海、欧式酒堡等景观区。东入口处景观大道的L形发展轴两侧主要用植物花卉来装扮，纵贯南北向的部分用高低错落、层次感颇强的木桩分布两侧；另外一轴是园区西侧、五龙湖东岸的南北横向滨水景观轴，串接了湖滨区的三处景观区。"三带"是由与主体景观轴和滨水景观轴近乎平行划分而成的三个片区，具有不同的景观特色和环境基础，包括时尚创意区、欧式风情区、滨水生态景观区三种景观带（图5.26）。

比例尺

![A]

0   1000米   2000米

图 例

⎯⎯⎯ 滨湖景观轴

⎯ ⎯ ⎯ 空间发展轴

▓▓▓ 滨水生态景观带

▒▒▒ 欧式风情景观带

░░░ 时尚创意景观带

图 5.26

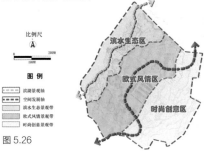

图5.26 安丘百合婚纱摄影基地"两轴""三带"分区规划

"四区"是以浪漫爱情故事循序渐进的发展线来定义、规划和命名的，每个区域都有不同的爱情主题和情感涵义，同时各景观区又是一体的，从偶然的相识、懵懂的相知到甜蜜的相恋，再到永恒的相依，各场景伴着恋人们衍生出一段美妙的恋曲（图5.27）：

① "相识"区：包括百合之恋广场、白色长廊等区域，这一主题区包括了爱情主题雕塑、LED观影屏、音乐喷泉、文化壁、各色花架和绿植、百合花廊道等内容。这里的百合之恋广场、廊道及各微观元素成了万千恋人初识场景的浓缩，暗示"人生若只如初见""相逢何必曾相识"的情境之意。

② "相知"区：包括欧式观景亭、大片草坪和四季花海区。这一主题区凝聚了恋人"相知"阶段的爱情景观元素，"亭"暗示"停留"，这里便是心灵的驿站。恋人们在此处观四季花海的梦幻，聆听流苏树下许愿签随

风碰撞的美妙，那灵动的声音便是爱的物语，暗示"我欲与君相知"的情境之意。

③ "相恋"区：包括沿湖的"爱之忆""爱之巢""爱之恒"三处景观。这一主题区凝聚了"相恋"阶段的景观元素，古朴的栈道、沉静的湖水、搁浅的小船、灵动的野鸭、茂密的树林、安静的木屋。在这里恋人们背靠背，或相互依偎，在这宁静的湖光水色中相恋、牵手，暗示"我的手就在你手里，不舍不弃，来我的怀里，或者让我住进你的心里，默默相爱，寂静欢喜"的情境之意。

④ "相依"区：包括欧式风情酒堡、百合花海、小木屋、地中海风情景观等场景。这里凝聚了与"相依"主题相关的元素，尽是爱的归属，包括古堡前的深情凝望、百合花海中的相拥、地中海风情区的嬉闹和欢笑，都暗示着"不忘初心，相知相依"的情境之意。

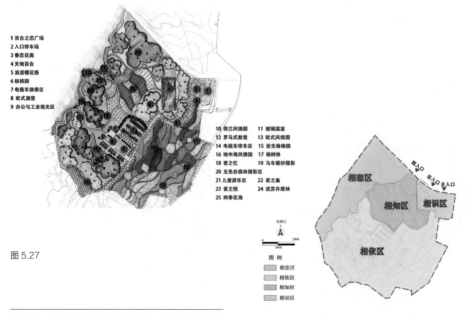

图 5.27

1 百合之恋广场
2 入口停车场
3 香恋花廊
4 天地百合
5 浪漫樱花路
6 核桃园
7 电瓶车换乘区
8 欧式酒堡
9 办公与工业观光区

10 荷兰风情园
11 玻璃温室
12 罗马式教堂
13 欧式风情园
14 电瓶车停车区
15 岩生植物园
16 地中海风情园
17 杨树林
18 爱之忆
19 马车婚纱摄影
20 五色谷森林摄影区
21 儿童游乐园
22 爱之巢
23 爱之恒
24 流苏许愿林
25 四季花海

相恋区
相知区
相识区
相依区

图 例
相恋区
相依区
相知区
相识区

图 5.27　安丘百合婚纱摄影基地景点布局及"四区"规划

5.5 道路系统规划

5.5.1 道路功能与类型

1）主干道

为全园主道，通往公园各大区、主要活动建筑、风景点，要求易于识别、通畅，方便游人集散，便于管理机械和车辆通行，并组织大区景观。通往建筑集中地区的园路应有环形路或回车场地。路宽 4~6 米或者更宽（依据不同的公园规模），纵坡坡度为 8% 以下，横坡坡度为 1%~4%。

2）次干道

是公园各区内的主道，引导游人到各景点、专类园，自成系统，组织景观。路宽 2~4 米或者更宽（依据不同的公园规模），纵坡坡度为 18% 以下，横坡坡度为 1%~4%。见表 5.1。

3）游步道

为游人散步使用，宽 1.2~2 米，纵坡坡度为 18% 以下，横坡坡度为 1%~4%。

4）专用道

多为园务管理使用，在园内与游览路分开，应减少交叉，避免干扰。

5.5.2 道路的布局形式

规则式布局的道路笔直宽阔，轴线对称，呈几何形；自然式布局的道路讲究曲折、含蓄，步移景异。道路布局应主次分明，因地制宜，

与地形密切配合。路网密度在 200~380 米／公顷，布局应考虑：

① 道路的回环性：公园道路呈通达的环形，游人从任意一点出发都能游遍全园，不走回头路。

② 疏密适度：与公园规模、性质有关，道路面积约占公园总面积的 10%~12%，动物园、植物园或小游园内道路密度可稍大，但面积占比不宜超过 25%。

③因景筑路：因景筑路，因路得景，道路应与植物、地形、山石等共同组景。

④曲折性：道路随地形曲折起伏，富于变化，若隐若现，丰富景观，扩大空间层次，活跃空间气氛。

⑤装饰性与多样性：道路形式多样，有较强的装饰性。人流集中处，路改为场地；林间或草坪中，转化为步石或休息岛；遇到建筑，变为廊；遇到水时，转化为桥或汀步。

5.5.3 道路的线形设计

道路与地形、水体、植物、建筑物、铺装场地及其他设施相结合，形成完整的风景构图。创造连续展示园林景观的空间或欣赏前方景物的透视线。路的转折、衔接顺畅，符合游人的行为规律。

表 5.1　公园规模及其对应的不同道路级别

道路级别	陆地面积 S（公顷）			
	S<2	2<S<10	10< S< 15	S>50
主干道	2.0—3.5	2.5 — 4.5	3.5 — 5.0	5.0 — 7.0
次干道	1.2 — 2.0	2.0—3.5	2.0 — 3.5	3.5—5.0
游步道	0.9—1.2	0.9 — 2.0	1.2 — 2.0	1.2 — 3.0

5.6　道路系统规划案例

5.6.1　福地传奇·岚梵别业旅游风景区

1）定位与功能分区

项目定位：威海观光农业、山岳风光和文化体验的生态休闲综合体；5A级园林式生态休闲旅游风景区。项目功能设计以农业和自然资源为主导，可细分为四大功能（图5.28）：

（1）自然风光区

自然风光区作为本项目的主体，占有大部分面积。其中包括佛教文化元素、自然观光以及别墅居住区等。主要满足游客观光和度假休闲的需要。

（2）农业生产区、果树采摘区

项目地拥有大片良田。农作物种类繁多，有粮食以及其他经济作物。主要的特色农产品是苹果、人参和生姜。另外，该区域可以开发采摘园和小农场供游客采摘以及种植，让游客能够亲身感受农家劳作。北侧利用自然山地发展蓝莓、黑加仑等特色水果采摘园。

（3）民俗体验区

项目地以崮山寺村现有建筑为主体，重点包括民俗文化、画家村、生姜博物馆等。村民对项目的开发多为支持态度。

（4）水上休闲区

项目地将利用现有水库，开发轻型水上休闲项目，主要有垂钓、品茶、划船等，确保水质不受污染，且不至于使游人过于疲劳以致无力参观景区其他景点。

（5）综合服务区

将入口区、接待服务和园务管理功能合并为综合服务区。

图5.28

图5.28　福地传奇·岚梵别业旅游风景区功能分区

2）主题与景观分区

设计主题：福地传奇·岚梵别业（图5.29～图5.31）。

福地传奇：来源于开发公司名称，有利于提升企业与景区知名度，与"福地传奇水上乐园"联动，形成系列产品。水上乐园突出"水"的主题，本案则体现"山"的主题，二者合为"山水"，既表达了"山水养福"之意，也喻指中国古代文人寄意山水的文化底蕴。

岚：原宗教学名词。在阴阳学中用来赞美智慧和美貌，古人认为其可除难，求财。现在多指山间的雾气。取"岚"字一方面表达山间云雾缭绕的仙境，与佛教文化的氛围相符，另一方面也暗喻兴隆顺利。

梵：原意是魔咒曼荼罗、祭祀仪式和唱诗僧侣，引申为自祭祀仪式所得的魔力，再引申为宇宙的精力，天地运行和人类生命都有赖于梵。现在有"清净""茂密的树木"之意，符合本案要表达的主题。

"岚梵"命名与佛教有关，体现该园区以佛教文化为特色，同时二字上半部分为"山林"，表达了本案场地的主要特征。

别业是古代文人寄情山水而营建的私家园林，突出其园林气氛，以区别于一般住宅。本案选用"别业"二字，既体现了风景区的文化内涵和自然气息，又突出其闲居功能与郊野特征。

11 九如苑(别墅区)
12 层岚叠翠(观景平台)
13 绿野仙踪(木栈道)
14 通天岭
15 妙石嶙峋
16 贵宾接待区(小型服务区)
17 林间木屋
18 民俗文化村
19 果丰福硕景区
20 南海春晓
21 静悟阁
22 缘溪寻芳（码头）
23 蒲香堂（茶舍）
24 醍醐清心景区

1 园区主入口
2 综合服务区
3 特色水果示范区
4 生姜种植示范区
5 农耕园
6 梵间花境
7 六福苑(别墅区)
8 崮山寺
9 休闲会所
10 福地谷

图 5.29

图 5.29　福地传奇·岚梵别业旅游风景区平面图

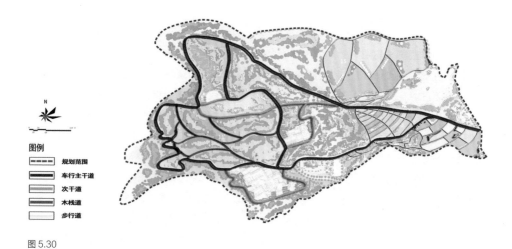

图例

规划范围
车行主干道
次干道
木栈道
步行道

图 5.30

鸟瞰图

图 5.31

图 5.30　福地传奇·岚梵别业旅游风景区道路系统规划
图 5.31　福地传奇·岚梵别业旅游风景区鸟瞰图

依据该主题将整个风景区划分为六大景区，即锦绣净土、醍醐清心、禅香古韵、岚梵别业、妙石听涛、果丰福硕（图5.32）。六大景区命名意义深刻。锦绣净土、醍醐清心、禅香古韵、妙石听涛分别代表佛教中的地、水、火、风，此四种在佛教术语中称作"四大"，一切物体皆为四大组成。由于四大的和合，而有诸般体相，又称之为"色"；如果四大失调，便将成为"病"；如果缺少任何一样，必定"死亡"；最后四大分散，终究归于"空"。因此色与空的形成，只是聚合与离散的现象。这四大景区的和合为岚梵别业别墅区提供了风水与宗教上的祥瑞之气，从而带来了"果丰福硕"的景象。如此命名使整个风景区充盈着祥和、福瑞的佛国天香，突出主题和特色。

（1）锦绣净土

名称来源：每为娑婆苦所萦，谁闻净土不求生。天人皆是大乘器，草木亦称三宝名。处处园林如绣出，重重楼阁似生成。（所闻净土如此）诸贤莫怪归来晚，见说芙蕖始发荣。（结归谁不求生）体现"四大"之"地"。

规划思路：以种植乳山市较有特色的农产品为主，例如生姜、人参和苹果，同时利用林地发展林间花海观赏项目，形成四季景观的色彩变化，打造如锦绣而出的梵间净土。

景点设置：梵间花境、农耕园（蔬菜示范区、生姜示范区和特色水果示范区）等。

功能定位：休闲、观光。

选址：入口西南侧。

特色：观光农业，园林与农业生产相结合，乡土气息与植物配置相结合。

（2）醍醐清心

名称来源：醍醐灌顶，比喻向人灌输智慧、佛性，除却疑虑，使人茅塞顿开。《大般涅槃经·圣行品》认为佛性是经过长久的修炼而证得的，是无比精妙的。宋代释普济《五灯会元》卷十五中写道："一闻诲示，如饮醍醐。"唐代诗人白居易在《嗟落发》诗中有"有如醍醐灌，坐受清凉乐"之句。吴承恩的《西游记》第三十一回中也写道："那沙僧一闻孙悟空三个字，便好似醍醐灌顶，甘露滋心。"体现"四大"之"水"。

规划思路：利用现有水库，进行保护性开发。主要以轻型休闲娱乐功能为主，避免游客体力消耗过大，避免项目与水上乐园项目冲突。

景点设置：南海春晓（桃花园）、缘溪寻芳（码头）、静悟阁（岛上建筑）、蒲香堂（茶舍）、清音亭等。

功能定位：运动、休闲、娱乐、餐饮。

选址：入口水库周边。

特色：垂钓等水上娱乐，以水生观赏植物为主。

（3）禅香古韵

名称来源：古韵萦绕，诗香袅袅。禅香指世人烧香拜佛而散发的香气。该景区包括嵛山寺和古村落，禅与寺对应，香谐音"乡"，与古村落对应，也指茶香和饭香。这些香皆因火而生，体现"四大"之"火"。

规划思路：恢复嵛山寺遗址，作为景区重要景点之一。对村落进行提升改造，重点发展农家乐式住宿、餐饮和民俗文化，打造古色古香的村落景观，注入艺术画家村和生姜博物馆等提升项目（图5.33）。

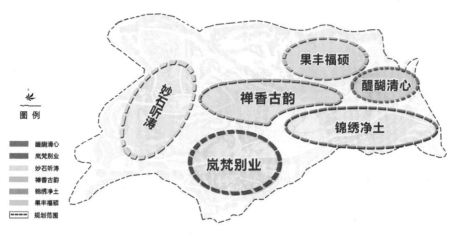

图 5.32

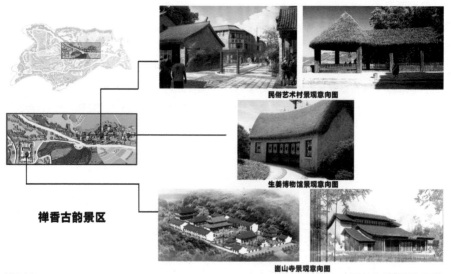

图 5.33

图 5.32　福地传奇·岚梵别业旅游风景区景观分区

图 5.33　禅香古韵景区景观意向

景点设置：崮山寺、民俗村、画家村、生姜博物馆等。

功能定位：住宿、餐饮、文化休闲。

选址：古村落至崮山寺遗址，位于风景区中心。

特色：将传统建筑保护与艺术设计相融合，打造民俗文化中心、宗教文化中心、农业科普中心和艺术写生基地。

（4）妙石听涛

名称来源：非有之有曰妙有。赏山中奇石，形体似像非实，感叹大自然之鬼斧神工，故用"妙"字，既是佛语，更增添了景观体验中的文化内涵。"涛"指代松涛之声，故用"听"字，虽无"风"字，却因风而起，体现"四大"之"风"。

规划思路：依托项目地山、林、水、谷等资源，以自然资源旅游观赏为主，满足游客观景需求。

景点设置：妙石嶙峋、层峦叠翠、通天岭、福地谷、绿野仙踪（木栈道）、林间木屋、贵宾接待区等。

功能定位：观赏、运动、科普。

选址：风景区西侧。

特色：自然景观为主体，兼具科普功能。

（5）岚梵别业

规划思路：利用项目地崮山寺遗址附近及山中有利位置，营造特色生态别墅区。建筑以中式和木制别墅为主，陈设简单、古朴、有禅意。服务高端小众群体。

景点设置：六福苑和九如苑。六福：一曰长寿福，二曰富裕福，三曰康宁福，四曰美德福，五曰和合福，六曰子孝福。以此六福为六福苑中的六座建筑命名，即长寿居、富裕居、康宁居、美德居、和合居、子孝居。九如，语出《诗经·小雅·鹿鸣之什·天保》，

说的是九种如意，即如山、如阜、如陵、如岗、如川之方至、如月之恒、如日之升、如松柏之荫、如南山之寿，此苑内九栋别墅命名为如山居、如阜居、如陵居、如岗居、川至居、月恒居、日升居、松荫居、如寿居。

功能定位：商务居所、生态别墅。

选址：崮山寺附近及以南。

特色：中式别墅，园林式环境，禅意庭院。

（6）果丰福硕

规划思路：利用北山营造水果采摘特色景观区。

功能定位：采摘、生态别墅。

选址：村落北侧山体上。

特色：特色水果采摘。

5.6.2 "印象庄园"景观概念性规划

印象庄园位于威海市汪疃镇许家屯村，该区资源丰富，地域广阔。该项目主要设计内容包括鲜花种植区、温泉区、森林氧吧等，设计面积约 10 万平方米。

1）规划设计目标

① 该项目所面对的度假客户群主要是年轻人和中高端人群。他们的审美观普遍崇尚时尚、小资、有品味。在对场地区位、资源、优劣势进行分析之后，聚焦薰衣草特色种植，提出"紫色印象"休闲文化的设计创意。庄园的规划设计突破传统休闲农庄和农家乐的打造手法，将文化创意应用其中，致力于打造以农业生产、休闲体验为特色的高端艺术庄园，将创意与浪漫结合，最终将其打造成为一座农业创意庄园和文化创意产业基地。

② 创建郊野生态种植、观光农业和休闲

旅游庄园。

③开拓区域市场，提升艺术品位，改善生态环境。

2）规划设计定位与功能区划

景观定位为芳香养生庄园和创意文化产业基地。规划综合考虑项目场地、区位、交通及地形、地貌特点，将园区划分为：入口区、香居生活区、异国风光体验区、创意文化区、温泉养生区和农耕休闲区六大景观功能区域（图5.34）。

（1）入口区

入口景观作为全园景观的开端，在整个园区中占有极其重要的地位，必须与大坝恢弘的气势相协调。为此，在园区入口处设置入口标识，以方石为主要材料，搭配紫色的薰衣草，凸显园区的主题。同时包含一个综合服务区，是集餐饮、商务活动于一体的综合性区域。既为游客提供花景观赏、餐饮服务等功能，也可举办接待会议等大型商务活动，整体提升园区的功能、定位以及知名度，为园区未来的发展提供可靠的平台。

（2）香居生活区

香居生活区位于园区最北端，是整个园区最佳的观景区，也是园区的生活居住区。独特的地理优势，可以使生活在这里的业主置身花海之中，沐浴鲜花、阳光，悠然舒适。

（3）异国风光体验区

位于园区西侧，紧邻入口区，是进入园区后的第一个景区。该区景观以植物造景为主，分为繁花似锦（春）、紫色花海（夏）、金秋邀月（秋）、松涛琼枝（冬）四个景区，主要通过植物的配置，展现威海地区四季分明的气候特征，给不同季节前来观光的游客以不同的感受。

（4）创意文化区

该区位于园区中央，紧邻异国风光体验区。规划该区域主要创意文化产业区，为园区游客提供婚礼宴请场地，以销售鲜花精油

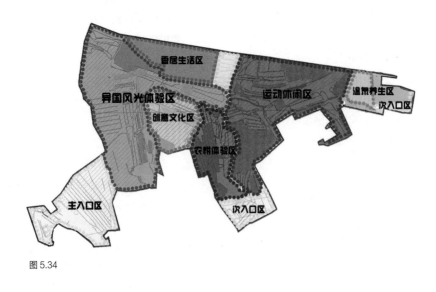

图5.34

图5.34 "印象庄园"功能分区规划

和食品为辅助，提升整个园区的文化底蕴。

（5）温泉养生区

位于园区最东侧。该区域有丰富的温泉资源，温泉水质属于氯化钠型热矿泉，富含偏硅酸、碘、锶等多种有益人体健康的矿物质元素，具有调节自主神经、改善心血管功能、提高机体免疫力等功效。温泉区依山傍水，窗外森林、鲜花赏心悦目。该景区以药用花卉和草本植物为特色，将其与花瓣、鲜花精油等一同利用，与温泉巧妙结合，为温泉养生区提供独特的鲜花温泉养生法，形成舒适的温泉景观区。

（6）农耕休闲区

该园区主要为游客提供休闲运动场所，紧邻温泉养生区和生活居住区，无论是居住区的业主还是来泡温泉的游客，都可以很方便地在该区域活动。该区域拥有射击场，提供射击娱乐活动，丰富庄园的娱乐性。区内包括观赏果木、蔬菜种植区和森林氧吧。观赏果木和蔬菜区种植山楂、柿树、板栗、核桃等乡土观赏果木，通过合理的植物配置，结合蔬菜种植，丰富该区域的利用价值。森林氧吧位于园区最南侧，重点种植能够产生挥发性杀菌物质的植物，例如丁香、月季、刺槐、紫薇以及松柏类植物等，构成乔灌草相结合的生态群落结构，为游客提供一个健康无菌、空气清新的天然森林氧吧。

3）设计主题与景观分区规划

设计主题：坐拥良田万顷，独享芳香印象。本规划方案将场地划分为香农印象、香恋印象、花田印象、香居印象、香行印象和香沐印象六大景区（图5.35），体验"春、夏、秋、冬"四个景观印象，并以园务中心为起点呈发散状规划出三条车流道路，将园区中的景点串联起来，构成一个完整的景观序列（图5.36、图5.37）。

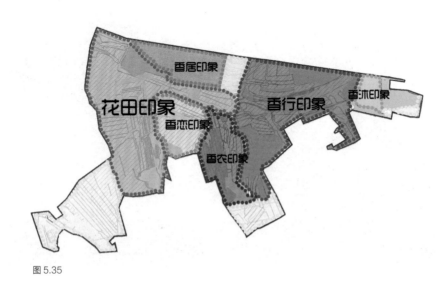

图5.35

图5.35 "印象庄园"景观分区规划

图 5.36

图 5.37

图 5.36 "印象庄园"景观规划总平面图

图 5.37 "印象庄园"景观规划鸟瞰图

①"春"之印象：包括香农印象，是园区生态种植光合农场，为园区的餐饮提供绿色健康的蔬菜食品。

②"夏"之印象：包括香恋印象和花田印象。6月薰衣草盛开，花田印象中呈现浪漫的紫色花海，在香恋印象景区内游客在湖水周边休息，清凉惬意，闻着花香欣赏遍地花海的优美与浪漫。

③"秋"之印象：包括香居印象和香行印象，居住在香居印象观赏整个园区的景观以及远处的花海，感受微风拂面，收获清新的空气，极具意境之美。

④"冬"之印象：是温泉洗浴区，即香沐印象区，沐浴在花香之中的温泉，芳香温暖、舒适惬意。

4）交通系统规划景观路（图5.38）

① 园区（车行）主干道：贯穿全园的环路系统，可以方便到达各个景区，尤以香居印象为最佳观景线。一路之上遍地花海，让游客在花的世界之中流连忘返。路面宽度为4~5米。

② 步行干道：在现有道路基础上，设立一条环绕的步行环形干道，主要供游人步行游览使用，宽度为3米。

③ 休闲步道：为实现游人游憩、休闲和观光等活动的交通功能，各个景区内设置休闲步道，材料可采用本地木材或片石，宽度为1.2~2.4米。

④ 单车道：步道旁设置单车专用道，每个景点设置单车租赁点，顺园区地形的变化，设置单车骑行道，满足游客的需求。

⑤ 停车场：在园区主要景点处设置停车场，游人可仅借助园内步行道步行游览，简化交通模式，改善园区交通状况，提高安全性。

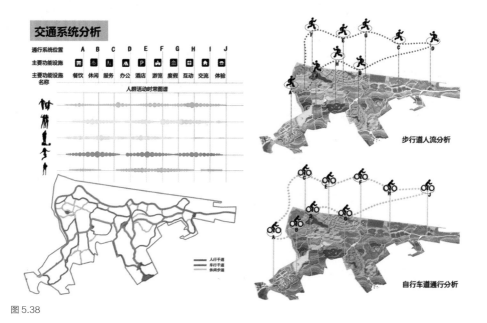

图5.38

图5.38　"印象庄园"景观交通规划分析

[走向一]
山谷地形的横向肌理的延伸，强调庄园的主轴地形走向，使得游览空间顺势展开

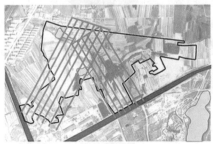

[走向二]
主入口方向由较狭窄的山谷逐渐进入开阔地带，可以丰庄富园的纵深感，使空间更具有层次性。

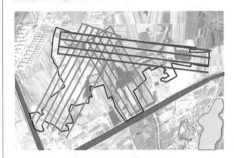

[叠加延续]
将提取的两种空间走势进行叠加，并适当延续，以加强空间地形的特质。

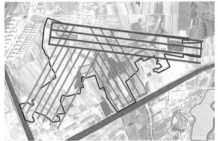

[修正提炼]
最终将叠加延续的走向拼合后，再对走向重叠部分进行修正与提炼，最终得到新的空间走向。

图 5.39 交通系统规划导向

`6

景观分项设计

6.1 地形设计

6.1.1 总述

地形设计是竖向设计的一项重要内容。地形骨骼的塑造，山水布局，峰、峦、坡、谷、河、湖、泉、瀑布等地貌小品的设置，它们之间的相对位置、高低、大小、比例、尺度、外观形态、坡度的控制和高程关系等都要通过地形设计解决。地形设计的首要工作是竖向控制，其内容主要包括：山顶标高，最高水位、常水位、最低水位标高，水底标高，驳岸顶部标高，园路主要转折点、交叉点、变坡点，主要建筑的低层、室外地坪，各出入口内、外地面，地下工程管线及地下构筑物的埋深。

地形设计以总体设计所确定的控制点高程为依据。规则式布局的场所主要是应用直线和折线，创造不同高程平面的布局（图6.1~图6.3）。自然式布局的场所遵循"高方欲就亭台，低凹可开池沼"的设计原则（图6.4、图6.5）。

地形处理时要注意的问题：① 满足景观的功能要求；② 工程上要稳定、合理；③ 地面排水要通畅，不积水；④ 考虑植物种植需要的环境、地形；⑤ 组织空间，创造景色；⑥ 考虑园内外地形的整体连续性；⑦ 土方要尽量平衡。

比如水体的处理：水深一般控制在1.5~1.8米，硬底人工水体的近岸2米内水深不得大于0.7米，超过者应设护栏；无护栏的园桥、汀步附近2米内，水深不得大于0.5米。

图6.1

图6.1 规则式空间的地形设计之韩国首尔街头

图 6.2

图 6.3

图 6.2　规则式空间的地形设计之上海后滩公园

图 6.3　规则式空间的微地形设计集锦（图片来源：https://mp.weixin.qq.com/s/~clu8oOLTCPz9TUXYaoRZQ）

图 6.4

图 6.5

图 6.4　自然式空间的地形处理（上海辰山植物园）

图 6.5　自然式空间的微地形处理（上海辰山植物园）

中国古典园林讲究挖湖堆山，即将挖湖产生的土就近堆叠，营造地形，丰富景观竖向层次，并使得土方平衡。上海辰山植物园利用场地内遗留的采矿矿坑，设计为矿坑花园，设计师创造性地建造了一条由倾斜的钢筒、自由曲面的钢板栈道、人造"一线天"景观和蜿蜒的木浮桥组成的游览路径。该路径使人们得以从更多角度感受矿坑，获得戏剧性的空间体验，并加强对东方山水文化和采矿工业文化的体悟。针对裸露的岩石地面，设计师采取"加法"策略，通过地形重塑和增加植被来构建新的生物群落。设计师模仿《桃花源记》的情景描写，结合深潭的独特地形，作为东方自然山水文化的映射，通过一条充满戏剧性的路径使人们在游走中体验山水景胜（图6.6）。

图6.6

图6.6　上海辰山植物园深潭区

6.1.2 设计案例：威海华夏城风景区规划

威海华夏城风景区位于山东省威海市里口山国家森林公园东南隅，山脉起伏形似巨龙，曰为龙山。20世纪70年代，龙山成为威海市中心采石场，破坏面积达3 767亩。"相地"是造园和景观规划的第一要务，通过现场踏勘和对场地的地形地貌等自然环境条件的评价，对景观意向做出规划决策。威海华夏城以构建具有竞争力的旅游项目作为持续性的重要任务，而采石活动对山体脉络造成的破坏以及废弃地遗留的矿坑等场地现状，为相地工作和景观布局构思带来了新的问题与挑战。

"高方欲就亭台，低凹可开池沼；卜筑贵从水面，立基先究源头，疏源之去由，察水之来历。"（《园冶·相地》）华夏城地形由西向东呈阶梯式降低，该设计顺应地形，利用原始采矿石坑，在地势陡峭处筑坝为路，营造瀑布、跌水等景观，将高低错落的水系连接成一个有机的整体，构成静态湖泊30余处，绵延不绝，成功将矿坑劣势转变为优势。

"涉门成趣，得景随形"（《园冶·相地》），意指在尽量不改变场地原有地形和地貌的前提下，根据功能需求塑造适宜的景观，"入奥疏源，就低凿水，搜土开其穴麓，培山接以房廊"，终得趣味横生。在景观序列结构和整体布局上，根据山体的地形走势和理水设计，构建了两条与水系相融合的景观轴线。景观主轴线为集散广场—中华第一牌坊—夏园—"神游传奇"剧场；水系序列为生态园、夏园湖、"神游传奇"演艺剧场三个主体湖面（图6.7），夏园处利用高差筑坝为路，构成景区入口的对景。景观次轴线为游客中心—三面圣水观音—禹王宫—太平庵（图6.8），

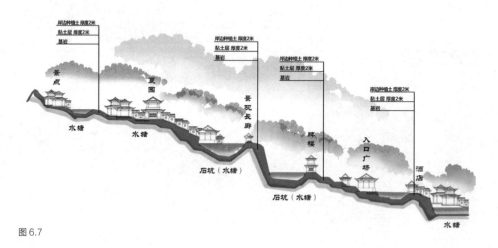

图6.7

图6.7　景观主轴线水系断面示意

水系序列为观音湖、太平庵水系、龙湖、龙湖西四个主体湖面（图6.9）。

既有匹练飞空之气势，亦有湖光清漪之静怡，动静结合，与周围建筑和山体相映成趣。游客绕行于水体两侧，游走于水景之间，满足了亲水需求和对景观多样化的渴望。景区构成了宛自天成的山水景观格局，以"相地合宜，构园得体"实现游客体验由视觉感知升华为文化认同。

图6.8

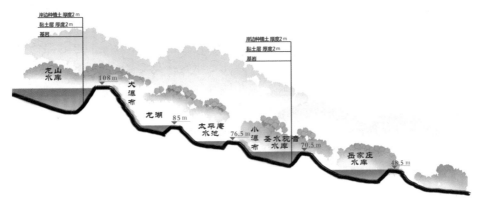

图6.9

图6.8　威海华夏城景区太平庵节点

图6.9　景观次轴线水系断面示意

6.2 水景设计

6.2.1 水的形态与类别

水的形态是通过周围的驳岸、空间容量和水量、地形高差、水速等来表现的。从自然形态到人工形态，水景可以分为以下四种：

①滨海、滨湖的面状水景，多是相对开阔的完整水面。

②线状水景，如河流或者运河的形态。

③人工或者是自然的池塘、沼泽，基本是静态的水。

④点状的人工水景或者人工与自然相结合的水景。

6.2.2 水景的特性

水是景观创作的重要元素之一，水所具有的许多特性，使其在景观设计过程中影响着设计的目的和方法。

1）可塑性

自然界中水的形态千变万化，有流动的水、静止的水和在外力作用下运动的水。水还会演化为雾、霜、雨、雪等特殊景观效果。水在重力的影响下顺势而下，形成江河、溪流、瀑布。相对静止的水则形成湖泊、池塘和海洋。水在外力作用下，产生波浪、波纹、跳跃、滴落和喷发等各种变化，而呈现动态的多样化。

2）文化特性

水的另一个特性便是人自古以来形成的对水的特殊情感，即水的文化特性。中国传统风水学认为背山面水是良好的选址条件。在宗教意义上，水被看作生命之源。在古希腊，水被看作构成人类生活的世界中的四种主要元素之一。因此，以水作为设计要素，要调动人们对水的这些情怀，使其亲水。

3）感官特性

水除了视觉可见以外，还会在流动或撞击物体时发出声响，而且水的流量、速度、形态等因素的差异，会产生多样化的音响效果，从而丰富景观空间的感官体验。例如，无锡寄畅园的八音涧以及意大利埃斯特庄园的水风琴，都是水景中声景观设计的经典之作。

4）光学特性

水能够不夸张地、形象地映出周围环境及其景物，如同一面镜子清晰鲜明、如真似幻，构建了自然中的虚空间。古典园林中，常通过倒影与实景塑造对称构图（图6.10），亦可以小见大，或形成对景。例如，苏州网师园中部山水景物区为全园主景，该景区以水体为中心，建筑与假山围绕，北、东、西三面为建筑，南侧为黄石假山，假山与北侧建筑形成对景，水中倒影构建虚空间，扩大了场地的空间感（图6.11）；扬州瘦西湖的钓鱼台与隔水相望的五亭桥构成对景（图6.12），二者均有框景手法的使用。

图 6.10

图 6.11

图 6.12

图 6.10　拱桥水中倒影与实景塑造对称构图（闫涛蔚 摄）（左：周庄世德桥；右：乌镇定升桥）

图 6.11　苏州网师园水中倒影

图 6.12　扬州瘦西湖的钓鱼台

6.2.3 水景设计的原则

1）保护与开发平衡的原则

通过环境评估在保护与开发相互矛盾的目标中寻求平衡。应坚持生态保护优先、适度开发的原则，利用开发的经济效益，结合教育、引导，促进生态环境的保护。

2）安全与功能相结合的原则

滨水空间设计首先要考虑水系统的安全，建立涵养水源、蓄水、防洪、净化的体系。在安全的前提下，还需要考虑亲水行为和功能之间的关系，因地制宜，建立合适系统，控制规模和数量。

3）挖掘深层的精神文化含义的原则

水系应能够塑造和承载区域的景观特色和文化内涵，成为区域个性和精神的代表。比如，江南水乡的居民生活在天然河道边，河道既是生活来源，也是生活的场所，形成了水边听社戏、水边做买卖、水边休息聊天等特色，体现了深层次的地域文化、民俗风情和精神寄托。

6.2.4 设计案例：威海市汪疃镇高标准农业示范园区水系设计

1）规划目标

依托现有的水系水景资源，对其科学合理地开展整治、提升、美化工程。在宏观上，形成既有利于农业生产、农民生活，又有利于乡村旅游、高效农业发展的水观系统；在微观上，对汪疃水系进行系统分类，使河道更清澈，植被更茂盛，为动物提供更好的栖息环境，提升生物多样性，实现人类和水体的和谐共生。

2）规划原则

① 生态优先原则：正确处理水系保护与综合开发利用的关系，以生态治水的理念打造水系，不降低区内调蓄水面积率；确保水资源的永续利用，最大限度地发挥乡村水系的治洪补枯、生态环保、景观休憩等功能，设计不同水系的特色生态景观，提升水域生态环境质量。

② 统筹治理原则：依据城区水系的现状和开发条件，统筹规划水系与汪疃总体规划的关系，通过关注水系要素，将防洪排涝、水环境治理、两岸景观塑造及沿岸土地利用与开发等方面相联系，进行综合治理，打造一个能见水、近水、亲水、入水的景观环境。

③ 兼顾旅游与农业原则：依托丰富的农业资源，打造汪疃镇现代高效农业特色园区，为提升农业特色园区的品质，进一步发展乡村旅游，充分开发水系的多重价值，融合并协调农业发展和旅游开发的关系。

3）规划方案

根据园区内水系的条件（区位、水位、植被），结合土地利用情况及是否靠近村庄，划分出 4 个不同的水系开发重点区域，以打造多样化、实用性的水系景观。

（1）湿地科普区——于家英河—王家产水库（图 6.13）

第一，主要从水生农作物种植和水生生物养殖两方面丰富湿地动植物种类。沼泽、洼地、湿地处泥沙淤积，规划为"莲藕＋田螺、泥鳅＋水蛭"的养殖区，浅水区养殖虾、蟹和牛蛙，深水域养殖淡水鱼和喜水家禽，形成多层次结构的湿地生态系统。

第二，依托与干道不同的独特湿地环境，

保护静水生物的栖息地，依托教育局教育基地，增设木质观光平台和栈道，打造户外湿地科普基地，同时推出特色农家乐。游客不仅可以观赏湿地景观，还可以品尝到最新鲜的水生菜品。

（2）水生植物观光带（兼具灌溉功能）——阮岭河

从阮岭河到小阮水库，打造一条兼具农田灌溉、治洪补枯、生态观光等多样功能的旅游生态观光带。此水系流经范围较广，通过人工修理，沿途搭建水利工程，方便灌溉周边农田。河道内可种植荷花、睡莲、凤眼莲等水生观赏植物，河岸上可种植兰花、菊花、芦苇等观赏植被和绿化树木，增加软地面和植被覆盖率，种植高大乔木，以提供遮阴和减少热辐射。在此观光带上设置简易水上交通工具，用圆木或绳索增设桥梁，建设滨水栈道、观景平台（图6.14）。

图6.13

图6.14

图6.13　汪疃镇高标准农业示范园区于家英河—王家产水库段景观规划意向

图6.14　汪疃镇高标准农业示范园区阮岭河段景观规划意向

（3）自然垂钓区——小阮水库

位于汪疃镇现代高效特色园区内西北的小阮水库，毗邻上乔村和小阮村，拥有清澈的水源、适宜垂钓的河滩，可以分两期与上乔村进行整体开发（图6.15）。

近期（2016—2017年），通过人工投放草鱼、鲢鱼、鲤鱼等鱼苗形成生态垂钓品牌，在环绕水库的河滩处设置垂钓平台，同时在村委会增设配套的游客服务中心，提供白天及夜钓服务，承接协会或俱乐部钓鱼比赛，提升休闲垂钓的品质。小阮水库东侧的滩地

上可以开展一些滨水户外活动，修建小型观景平台，开展烧烤、野营、观星、卡拉OK、篝火晚会、水上烟花表演等活动。白天在河滩拉设彩色的活动条幅，晚上沿河滩实施一小时亮化工程，吸引威石线过路车辆，带动上乔村的旅游开发。

中期（2018年），随着采石场的清理，可以开辟一条环小阮水库的徒步路线，并与上乔村东角山登山线衔接起来，形成登山访古—环河徒步—村落休闲旅游线路，打造山地公园的近郊旅游新亮点。

图6.15

小阮水库码头景观节点平面图

1 主题雕塑　　4 码头主入口
2 滨水休闲廊架　5 滨水休闲广场
3 码头泊位　　6 休闲广场

图6.15　汪疃镇高标准农业示范园区小阮水库段景观规划意向

（4）休闲娱乐区——楼下村

楼下村南部地势较低，水量较大，具备打造多元化亲水空间的条件。采取近水、滨水、水岸等不同开发方式，形成滨水公共空间、戏水乐园、河岸慢行道三大亮点，突出田园水乡特色，满足人们不同的亲水需求（图6.16）。

滨水公共空间。以楼下村为中心，建设水岸休闲娱乐小广场和滨水剧场，营造综合绿色公共空间。道路及其他设施体现自然气息，采用木板路、石子路和木质桌椅等，使其既可以成为居民的乡村聚会地点，又可以成为游客渴望逗留的休憩场所。

戏水乐园。设置钓鱼点、划船码头、儿童游乐等活动区域，增添娱乐性和功能性，满足儿童的亲水需求。

河岸慢行道。规划沿阮岭河铺设一条乡间慢行道，即水岸休闲步道和骑行道，与桥梁相融合，将河道两侧景观贯穿为一个整体。

图6.16

图6.16　汪疃镇高标准农业示范园区楼下村段景观规划意向

6.3　景观建筑设计

风景园林中的建筑具有十分重要的作用，可满足人们生活享受和观赏风景的需求。

6.3.1　古典园林中的建筑形式

中国自然式园林建筑一方面要可行、可观、可居、可游，另一方面起着点景、隔景的作用，使园林移步换景、渐入佳境、以小见大，又使园林显得自然、淡雅、恬静、含蓄。这是与西方园林建筑很不相同之处。中国自然式园林中的建筑形式多样，有堂、厅、楼、阁、馆、轩、斋、榭、舫、亭、廊、桥、墙等。

1）亭

在造型上，亭一般小而集中、向上，造型上独立而完整。亭子的结构与构造大多比较简单，施工制作也比较方便。亭的功能主要是满足人们在游赏活动过程中休息、纳凉、避雨、观望之需要，在使用功能上没有严格的要求。

亭的造型主要取决于其平面形状、组合和屋顶的形式等。亭的内部一般可划分为屋顶、柱身、台基三部分。亭的类别按平面形式分有多角亭、圆形亭、扇形亭和矩形亭等，按屋顶形式分有单檐亭、重檐亭、多层亭等。正方形、六角形、八角形的单檐或重檐攒尖顶亭是最常见的亭式。单檐亭即只有一层屋檐的亭子，由两层或两层以上屋檐所组成的亭子称为重檐亭，由两种形状的亭子拼接组合而成的称为组合亭（图6.17）。另外还有与墙体相连的，称为半亭（图6.18）。

2）廊

廊的设计充分考虑收与放、藏与露、高与低、明与暗的关系，讲求旷如取其浩大，奥如取其幽深。移步换景，塑造丰富多变的景色。动静结合，引导路线，扩展空间层次和深度。

从廊的横剖面来看，可分为四种形式：双面空廊、单面空廊、复廊、双层廊。

（1）单面空廊

一边为空廊，面向主要景色，另一边沿墙或附属于其他建筑物，形成半封闭的效果（图6.19）。

图6.17　扬州瘦西湖五亭桥

图 6.18

图 6.19

图 6.18　苏州网师园的冷泉亭（半亭）

图 6.19　苏州拙政园中的廊

（2）复廊

复廊是在双面空廊的中间隔一道墙，形成两侧为单面空廊的形式。如：苏州沧浪亭的复廊（图6.20）。

（3）双层廊

可供人们在上下两层不同高度的廊中观赏景色。如：北海琼道"延楼"。

（4）暖廊

暖廊是指用玻璃或窗户封闭起来的走廊，带有槅扇或槛墙半窗，因可防风保暖，故名暖廊。

从廊的总体造型以及廊的位置与空间组合上，又可把廊分成平地建廊（图6.20）、直廊、曲廊、回廊、水廊（图6.19、图6.21）、桥廊（图6.22）、爬山廊（图6.23）、叠落廊、抄手游廊等。

图6.21

图6.20　苏州沧浪亭的复廊

图6.21　苏州网师园水边建廊

图 6.22

图 6.23

图 6.22　苏州拙政园小飞虹（廊桥）

图 6.23　无锡锡惠公园的爬山游廊（王梦秋 绘）

3）榭

榭是供游人休息、观赏风景的临水景观建筑。《园冶》："榭者，藉也。藉景而成者也。或水边，或花畔，制亦随态。" 中国园林中水榭的典型形式为：在水边架起平台，平台一部分架在岸上，一部分伸入水中；平台靠岸部分建有长方形的木构单体建筑（此建筑有时整个覆盖平台）；屋顶一般为造型优美的卷棚歇山式，建筑立面多为水平线条（图6.24）。

威海市郭格庄水库区景观设计中，沂水湖景区是最重要的水景区，在原有水体的基础上，加以扩建，并将挖方的土堆于湖北侧，构成微地形，丰富景观竖向变化。该景区以游憩和休闲娱乐为主要功能，并充分考虑人的亲水性。于湖滨建"荷香榭"，用于品茶、观景、戏水，湖上设三岛，形成"一池三山"的景观格局。（图6.25）

图6.24　苏州拙政园芙蓉榭

图6.25　沂水湖景区荷香榭

4）舫

舫是仿造船的造型在湖泊中建造起来的一种建筑物，供人们在内游玩宴饮、观赏水景，身临其中有乘船荡漾于水上的感受。舫的基本形式同真船相似，一般分为船头、中舱、尾舱三部分。首、尾舱顶为歇山式样，轻盈舒展。如苏州拙政园的香洲（图6.26）和北京颐和园的清晏舫（图6.27）。

图 6.26

图 6.27

图 6.26　苏州拙政园的香洲（王梦秋 绘）

图 6.27　北京颐和园的清晏舫（王梦秋 绘）

5）厅、堂

厅堂是园林中的主体建筑，体型也较高大，常成为园林的构图中心。在江南的园林中，厅堂是园主人进行会客、治事、礼仪等活动的场所，它们一般居于园林中最重要的位置。如苏州拙政园的远香堂，堂前水中遍植荷花，取周敦颐的《爱莲说》"香远益清，亭亭净植"之意境（图6.28）。

6）楼、阁

楼是指屋上直接建屋，其中，两层之间没有腰檐的又称为竖楼。阁指上下层之间除腰檐外还有平座的楼。后来带有平座的阁与一般的楼都通称为楼阁，楼与阁的界限已不严格。如苏州拙政园的见山楼（图6.29）、北京颐和园的佛香阁（图6.30）、苏州留园的明瑟楼和远翠阁（图6.31、图6.32）。

明瑟楼为两层半间，体态轻盈，造型精巧，取郦道元《水经注》中"目对鱼鸟，水木明瑟"之意而名，因楼下南面假山构思独特，有峰回路转之妙。远翠阁为两层，单檐歇山顶，檐角飞翘，周围为建筑围廊。上层宜远眺，下层可近观，左右各有长廊通往别处，门前为一方牡丹圃。远翠阁取名于唐代诗人方干"前山含远翠，罗列在窗中"之意。一楼取名"自在处"，意思是水刷石心得自在的地方。

图6.28

图6.28　苏州拙政园远香堂

图 6.29　苏州拙政园的见山楼

图 6.30　北京颐和园的佛香阁

图 6.31　苏州留园的明瑟楼

图 6.32　苏州留园的远翠阁

7）轩

"轩"用于建筑时，一般指厅堂前廊卷棚顶的部分。在园林中，轩一般指地处高旷、环境幽静的建筑物。如苏州网师园的竹外一枝轩、看松读画轩（图6.33、图6.34）和拙政园的与谁同坐轩（图6.35）等。

看松读画轩面宽四间，三面为雕花半窗。看松，指看轩南太湖石花台内的树龄都有800年的古松、古柏。原有一棵罗汉松，传为当年史正志手植。古柏老根盘结于苔石之间，主干虽已枯萎，但枝头依然郁郁葱葱。曲桥头有棵树龄200年的白皮松，枝干虬劲。读画，是观画的雅称，此处可理解为观赏二度空间的国画，更应理解为观赏轩周围的立体画面。它与彩霞池隔以花台、树木，既增加园景层次和深度，又不使轩逼压水面。此轩与濯缨水阁遥遥相对，一离岸，一临水；一轻巧，一厚重，是一条轴线上的对景。

临池的竹外一枝轩与看松读画轩东南方有廊连接。此轩为卷棚硬山屋顶，东西为狭长三间，临水面设吴王靠坐槛，远望似一叶小舟。轩北为集虚斋庭院，庭内植青翠潇洒的慈竹两丛，有花窗相映，有洞门相通。东面通五峰书屋，东墙上有两方精美的园林和花鸟砖雕。西墙上开设空窗，窗外点植垂丝海棠，框景入画。轩外池岸植梅花，原有横卧偃伏的黑松，成为轩外一景。在轩内隔池远望，池上理山的云岗黄石假山，成为园中第一山景。轩额为"赏梅花"，取自苏轼《和秦太虚梅花》"江头千树春欲暗，竹外一枝斜更好"诗意。梅以曲为美，直则无姿；以歌为美，正则无景。桂梅讲究"横、斜、倚、曲、古、雅、苍、疏"，轩前松梅横斜，岁寒为友，冬景如画。轩有抱柱竹联"护研小屏山缥缈，摇风团扇月婵娟"，若在轩中读书赏月，亦为赏心乐事。

图6.33　苏州网师园竹外一枝轩

图 6.34　苏州网师园看松读画轩（左后）与竹外一枝轩（右）

图 6.35　苏州拙政园的与谁同坐轩

6.3.2 景观建筑的环境设计

景观中的建筑设计，要做到巧于因借，精在体宜。建筑造型、风格既要考虑自身，又要和环境协调。

威海华夏城以中国传统建筑样式为主体，建筑设计中面临的主要问题是如何处理破碎山体、建筑布局以及周围环境三者之间的关系。为此，在建筑布局理法上采取了三种解决途径：第一，建筑让位于自然，力求与周围环境相协调，从建筑体量到每一处细部进行仔细推敲，实现了建筑轮廓线、山脊线和天际线的和谐统一。太平庵遗址建筑群依据威海北山村《丛氏族谱》的相关记载重建，打造"深山藏古寺，碧水映岑楼"的意境，设计选址于幽僻的山谷中，建筑布局上利用矿坑和采石场导致的地形变化，采用非对称的形式，凸显自然山体（图 6.36）。第二，将巨大的坑体巧妙地设计为建筑的地下空间，减少了回填土方量，提升了空间利用率，实现了建筑功能的多样化。例如，禹王宫将坑体空间设置为地下人民防空教育馆，顶板以上设计为观景平台和阶梯，丰富游览空间类型，并发挥科普教育功能（图 6.37）。第三，古树名木是影响相地结果和景观布局的重要因素之一。《园冶·相地》中对大树与建筑布局的理法有专门的描述，"多年树木，碍筑檐垣，让一步可以立根，斫数桠不妨封顶"。华夏城有一株 800 年的古银杏树，为保护这一珍惜资源，设计结合太平庵的放生池，构建了一组三栋建筑围合的庭院，古银杏树成为封闭庭院空间的核心景观（图 6.38）。这些途径构成了威海华夏城建筑布局的理法要点，体现了动态的节奏感和韵律感，再现了中国古典园林建筑美与自然美的融合，诗画般的情趣与意境，以及本于自然而高于自然的中国古典审美境界，在文化理念上更容易获得游客的认同感。

图 6.36

图 6.36　威海华夏城太平庵景区建筑设计（设计：于国铭）

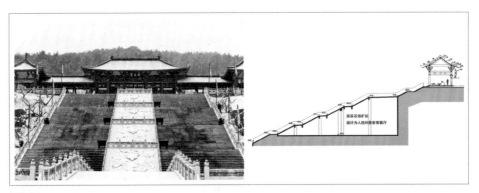

图 6.37

图 6.38

图 6.37　威海华夏城禹王宫建筑设计（设计：于国铭）

图 6.38　威海华夏城太平庵建筑围合古树形成院落（设计：于国铭）

6.3.3 景观建筑的功能类型

景观建筑设计要考虑其功能性的实现，并且从地域性出发，注重历史、文化和时代气息的融入。根据景观建筑的功能，可以分为：

1）游憩建筑

有休息、游赏的使用功能，具有优美造型，如前所述的古典园林建筑类型中的亭、台、廊、花架、榭、舫等，均属此类。新材料和新技术的发展，使得现代景观设计中游憩建筑的样式和风格越来越多样化（图6.39）。

2）服务性建筑

为游人提供如游船码头、小卖部（图6.40）、厕所（图6.41）、茶室、小吃部、餐厅、小型旅馆、游客服务中心等服务设施。

图 6.39

图 6.40

图 6.41

图 6.39　韩国首尔仙游岛公园游憩建筑
图 6.40　韩国爱宝乐园一处小卖部建筑
图 6.41　韩国爱宝乐园两处厕所建筑

设计案例：威海垛顶山公园的公共厕所改造设计。垛顶山公园的公共厕所存在使用人群针对性不够强、建筑主体造型简陋、与环境融合度低以及卫生条件较差等问题，人文因素和使用者层次因素考虑严重不足。改造方案意在创造一个亲近自然又人性化的建筑设计方案。通过几何形体的穿插、斜切、重组，构成一个新的空间形态，简洁明了，精巧而不失设计感（图 6.42）。呈倒梯形的入口及其垂直面上向内斜切的造型，强化了引导视线的感官效果，同时也具有一定的隐私性。设置无障碍通道，坡度在 15°左右；双层阶梯每阶高度为 0.15 米，第一节宽 0.45 米，第二节为平台，宽 1.4 米左右，可以供残障人士转弯和人们集散使用。男女卫生间以及残障空间分别布置在右、左两侧和中部偏左段，使人流分散清晰，更具目的性和便

捷性。同时在中部偏右侧还有杂物间，可以存放拖把、消毒用品等杂物，其入口设在建筑背部，主要供清洁人员使用，达到使用人群路线的区分。建筑外部饰以木材和大理石干挂，色彩分明而更具天然纹理的装饰让建筑更加典雅且具亲和力，与自然环境相融合又易于辨认。卫生间两侧的木质廊架在一定程度上缓和了建筑墙面与地面之间的硬质感，配以鸢尾、金盏菊等花卉，软化了混凝土带来的坚硬冰冷的视觉感受。保留原有的松树林，增加灌木以及草本植被，丰富植物景观的层次感。卫生间旁的景观长椅可以为人提供休息的场所，其曲线和波浪般的造型还与建筑直线形成对比。在景观长椅旁种植樱花等观赏乔木，到了春季的花期可以丰富景观色彩，夏季炎热时可为休憩的人们提供庇荫场所（图 6.43、图 6.44）。

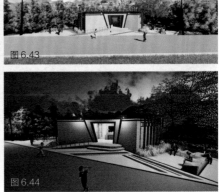

图 6.42 威海垛顶山公园的公共厕所改造设计平面图
图 6.43 威海垛顶山公园的公共厕所改造设计效果图
图 6.44 威海垛顶山公园的公共厕所改造夜景设计效果图

游客服务中心除了为游客提供服务以外，其周围景观还应具有集散功能。上海后滩公园游客服务中心设计采用耐候钢为前提，结合玻璃的光泽，尽显工业文明之美，而室外景观空间的造型提炼了山水、行云造型元素，具有枯山水式的意境和自然的动感之美（图6.45）。威海悦海公园游客服务中心采用本土民居建筑——海草房的造型艺术，融入现代建筑功能要素，体现当代建筑的地域特色（图6.46）。

图 6.45

图 6.46

图 6.45　上海后滩公园游客服务中心
图 6.46　威海悦海公园游客服务中心

3）文化娱乐性建筑

包括体育馆、艺术馆、展览馆、纪念馆、剧场等，其建筑造型往往独特，易于识别，同时满足足够的功能需求和游客容纳量。

设计案例：威海海洋博物馆建筑设计。本案为威海海洋博物馆设计规划，包括建筑与景观两个方面，在威海旅游服务的领域里，海洋博物馆对于保护海洋文物，提高市民的海洋保护意识具有重要的意义。本案旨在建设一座集教育、科研、娱乐与服务功能为一体的大型海洋博物馆，形成多元化的开放型服务模式，希望成为威海旅游观光体验的一部分。设计概念包括三个方面：

（1）百舸争流——对威海渔民文化的深度解读

威海历史悠久，威海渔民是守望祖宗海的人。1398年，为防倭寇侵扰，设威海卫，取"威震东海"之意。设计灵感来源于威海渔民驾船出海的情景，提出"百舸争流"的设计理念，五个船型单元蓄势待发，如渔船出海般气势高涨，象征威海渔民开拓进取的精神。建筑呈环抱状，围拢一池清水，营造出入口广场的氛围。中心广场上树立象征民族精神的标志塔，为灯塔式构造，结合船帆形式，是信念的象征，更是民族力量的象征。博物馆五个单体具有很强的向心性，充满张力的建筑造型以蓄势待发的形态，营造出一种威严不可侵犯的气势，彰显威海人民万众一心、众志成城的团结奋进精神（图6.47）。

（2）海螺——仿生学理念的应用与实践

博物馆园区场地整体规划引入仿生学概念，以"鹦鹉螺"的形态为原型演变而来。鹦鹉螺被称作海洋中的"活化石"，在研究生物进化和古生物学等方面有很高的价值。鹦鹉螺的螺旋中暗含了斐波那契数列，而斐波那契数列的两项间比值也是无限接近黄金分割数的。设计结合项目特点，以鹦鹉螺的螺旋形外壳形态为原型，切合博物馆主题，同时结合环绕中心广场的水景观以及建筑单体间的庭院景观，营造出优美动人的场地景观环境（图6.48）。

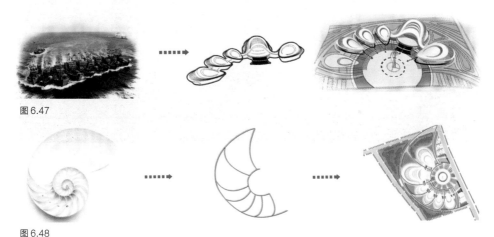

图6.47

图6.48

图6.47　威海海洋博物馆建筑设计概念一——百舸争流

图6.48　威海海洋博物馆建筑设计概念二——海螺

（3）海浪——海洋文化的标志性符号

博物馆整体设计仿佛白色海浪，又如同洁白的飘带，各个单体展厅被串联起来，形成飘逸、自然的建筑特点。屋面的水纹形天窗，将光线引入室内，犹如海面泛起的阵阵波涛（图6.49）。

博物馆规划设计充分考虑基地现状，结合主要人流方向及景观朝向，将西侧全部打开，以半围合开放的姿态面向大海，呈现一种包容性。主体建筑呈线形沿水平方向延伸，结合中心广场的竖向标志塔，构成非对称性布局，实现动态均衡，加强建筑的流动感，

彰显活力（图6.50）。博物馆五个单体建筑具有很强的向心性，充满张力的建筑造型营造出一种蓄势待发的态势，增加了入口广场空间的戏剧性，塑造出威海人民万众一心，众志成城的团结奋进精神（图6.51）。设计采用串联式布局方法组织展厅，参观路线明确而灵活。各组成部分安排有序，相对分离又有一定的联系，各部分人流组织顺畅，互不干扰，有效实现了交通流线的便捷化，保证了观众的参观体验。同时，合理化的交通组织流线为后续运营管理提供了很大便利（图6.52、图6.53）。

图6.49

图6.49　威海海洋博物馆建筑设计概念三——海浪

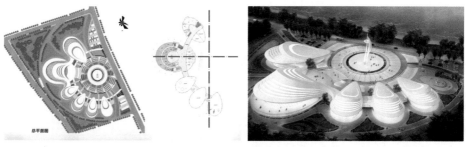

图 6.50   图 6.51

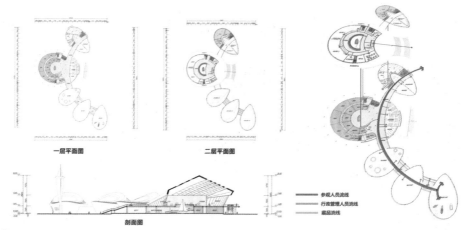

图 6.52

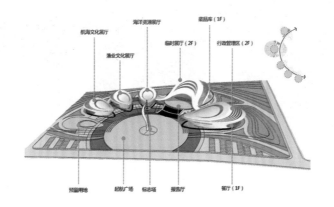

图 6.53

图 6.50　威海海洋博物馆建筑设计总平面图及布局分析

图 6.51　威海海洋博物馆建筑设计鸟瞰图（建筑的向心性）

图 6.52　威海海洋博物馆建筑局部平面图、内部空间布局及流线设计

图 6.53　威海海洋博物馆建筑功能分区

通过先进的科技理念，利用巨幅墙体 3D 全息投影，将艺术视频投影到地标性建筑物的外立面，将这一技术无限融入系统视觉创意，设计动画效果，改变建筑本身的特点及周边环境的影响，在城市上演一幕幕或是惊心动魄，或是美轮美奂的图景，产生令人叹为观止的视觉效果（图6.54）。

4）办公管理建筑

主要包括公园大门（图6.55、图6.56）、办公室、实验室、栽培温室，动物园还应有动物兽室等（图6.57）。

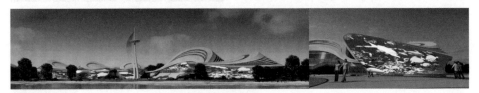

图6.54

图6.55

图6.56

图6.57

图6.54　威海海洋博物馆建筑墙体 3D 全息投影夜景效果图
图6.55　韩国爱宝乐园某动物观赏区入口建筑
图6.56　泰安市太阳部落景区入口景观
图6.57　韩国爱宝乐园动物观赏区动物兽室建筑

6.4 植物景观设计

植物是景观设计的四大造景要素之一，而且是唯一具有生命的要素。英国景观设计师克劳斯顿（B.Clauston）提出："园林设计归根结底是植物材料的设计，其目的就是改善人类的生态环境，其他内容只能在一个有植物的环境中发生作用。"

植物资源是植物造景的基础，我国植物资源相当丰富，可以用于园林中的种子植物就有30 000种以上，居世界第二位。中国植物对世界园林培育新的杂交种起到了重要作用。比如美国经过几十年的努力，在全世界首次育成了抗寒和芳香的山茶花新品种，我国的茶梅、连蕊茶、油茶和希陶山茶就是其中最重要的亲本植物。因此，我国被誉为"世界园林之母"。

6.4.1 植物景观的美学特征

1）景观植物的整体特征

植物按照整体特征可分为乔木、灌木、草本和藤本。

① 乔木是高大的木本植物，具有明显的主干。大中乔木往往成为视线的焦点，作为主景构成空间的框架和基本结构。因此，在进行植物景观设计时，首先要确定大中乔木的位置。小乔木往往作为配景或背景，但在一定的条件下也可作为主景。乔木的造景功能包括：划分或围合空间，作为室外空间的天花板和墙壁（图6.58）；树干也可形成漏景，使景观产生深远感；统一与软化建筑立面，也可作为建筑的背景或障景（图6.59）；防止西晒；遮阴（图6.60），为行人或喜阴植物提供庇荫环境；作为入口标志。

图 6.58　乔木围合空间的功能

图 6.59

图 6.60

图 6.59　乔木软化建筑立面

图 6.60　乔木提供遮阴

②灌木是树体矮小，主干低矮，分枝点低或无明显主干的木本植物，一般高度小于5米。灌木的造景功能包括：围合或划分空间；装饰性大模纹（图6.61）；雕塑等的背景；独特的灌木也可用作主景（图6.62）；引导视线，增加景深；将不相关的因素联系起来（图6.63）；软化建筑立面等。

③藤本植物不能直立生长，需要依附其他物体。常用于亭廊、棚架和点缀山石。如，紫藤、葡萄、爬山虎、凌霄、五叶地锦、金银花、常春藤、藤本月季等。

④草本植物包括：

花卉：一年生（春播）花卉有一串红、万寿菊等；二年生（秋播）花卉有金盏菊、金鱼草等；多年生宿根花卉有鸢尾、菊花、芍药、蜀葵等；多年生球根花卉有郁金香、风信子、百合、美人蕉等。

草坪草：冷季型草坪草最适宜温度为15~25℃，不耐干旱和炎热，品种有早熟禾、高羊茅、剪股颖等；暖季型草坪草最适宜温度为25~35℃，不耐寒，品种有狗牙根、结缕草等。

地被植物：地被植物指覆盖地面的矮小植物，如二月兰、麦冬草、三叶草、酢浆草等。

图6.61

图6.62

图6.63

图6.61　灌木依托不同色彩形成装饰性模纹图案

图6.62　因春季开花时独特的色彩成为主景

图6.63　灌木将不同树形及不同景观要素联系为一个整体

2）植物的形态特征

在植物造景中，树形是构景的基本因素之一。不同的树形经过巧妙的配植，可以创造出具有韵律感、层次感等效果的艺术构图（图 6.64）。为了增强小地形的高耸感，可在小土丘的上方种植长尖形的树种，在山基栽植矮小的扁圆形树木，借树形的对比来增加土山的高耸之势。

3）植物的色彩

植物的色彩不仅包括叶、枝干、花和果实等器官的色彩（图 6.65），更为重要的是具有独特的时间动态变化特征（图 6.66、图 6.67）。色彩直接影响室外空间的气氛和传递的情感。植物的色彩设计应突出季相变化，重点放在夏季，也要考虑冬季。

注意对比色的搭配，绿色也有深浅之分，不同色度的绿色不宜过多、过碎。色彩特殊的植物在总体布局中保留少数即可，花卉也只能在特定区域内大面积使用，是为了增添活力和兴奋点，吸引游客注意某一重点景色，所以尤其要注意尺度，不可喧宾夺主。要选择光照充足、空间开阔的地方。阴影中适当的艳色可增添活力，秋色叶和花卉的色彩的地位低于夏季的绿色（图 6.68）。

图 6.64

图 6.65

图 6.64　不同树形的植物创造的艺术构图（右图为马佳丽绘）

图 6.65　植物的色彩搭配（威海环翠楼公园）

图 6.66

图 6.67

图 6.68

图 6.66　春季樱花盛开的色彩（威海羊亭公园）

图 6.67　秋季色叶树的季相特征

图 6.68　草本花卉的色彩搭配

4）植物的质感

植物的质感指的是植物的光滑或粗糙程度，受到叶片大小、枝条粗细和疏密、树皮外形以及观赏距离等因素的影响，分为粗壮型、中粗型、细小型。

（1）粗壮型

特点：大叶片、浓密而粗壮的枝干、松疏。

植物：悬铃木、木兰、构树、泡桐、梧桐等。

造景：作为视觉焦点，吸引游客视线；趋向观赏者，可视距离小于实际距离；可用于收缩空间；狭小空间中慎用，以免喧宾夺主；多用于自然式景观中（图6.69）。

（2）中粗型

特点：叶片为中等大小，具有适当的枝叶密度。透光性较粗壮型差，轮廓较为明显。

植物：大多数植物都属于这一类型。

造景：在种植设计中占比例最大，成为设计的基本结构；充当粗壮型和细小型的过渡成分；将整个布局的各个成分连接为一个统一体。

（3）细小型

特点：叶片小，枝条细小脆弱、齐整、密集。

植物：鸡爪槭、皂荚等。

造景：在景观中极不醒目，易被忽略，最适合充当中性背景；与其他类型植物相互完善，增加景观变化（图6.70）；多用于紧凑、狭小的空间，轮廓清晰，文雅密实，作为背景展现整齐、清晰、规则。

5）气味与声音

植物除了具有视觉美以外，还能在嗅觉和听觉上给人带来美的享受。园林植物的芳香令人心旷神怡，产生美好意境。但部分植物的香气对人体有害。与风、雪、雨等自然因素作用产生声音，营造景观的听觉享受。如中国古典园林中于窗前种植芭蕉，听"雨打芭蕉"之声。

图6.69　　图6.70

图6.69　粗壮型植物作为开放空间中的主景树（扬州瘦西湖）

图6.70　细小型植物增加景观变化

6.4.2 植物设计方法

1）按种植方法分类

植物设计方法按种植方式可以分为孤植、对植、丛植、列植以及群植。

（1）孤植

孤植树的个体美体现在：体形巨大，树冠伸展，给人以雄伟、浑厚的艺术感染；以乡土树种为好，不发生萌蘖；姿态优美、奇特；

开花繁茂，花色艳丽，果实累累等，易成为视觉焦点或景观主体。树木的大小、姿态、色彩、质感与周围环境相协调。

在自然或景观中，孤植树尽量避免放在正中央，在规则式景观中可修剪成规则几何形体，留有适当的视距，形成以蓝天、水体、草坪为背景的效果，可配植在花坛、广场、道路交叉口、转折点、水边等（图6.71）。

图6.71

图6.71　孤植（左上、左下：中国美术学院象山校区；右上、右下：扬州个园）

（2）对植

在构图轴线两侧栽植，树木互相呼应的栽植方法，称为对植。对植的方式包括：

①对称栽植：将树种相同、大小相近的乔灌木配置于中轴线两侧，如建筑大门两侧，对称栽植两株大小相同的植物（图6.72）。

②非对称栽植：树种相同，大小、姿态、数量稍有差异，距轴线距离大者近些，小者远些的栽植。非对称栽植常用于自然式园林入口、桥头、假山登道两侧。

（3）丛植

丛植多见于自然式景观中。两三株至一二十株同种或异种的树种较紧密地种植在一起，其树冠线彼此密接而形成一条整体的外轮廓线。丛植在艺术上强调了整体美（图6.73）。

图6.72

图6.73

图6.72　对植（左：太原晋祠；右：西安碑林）

图6.73　丛植（威海环翠楼公园）

（4）列植

列植多见于规则式景观中，多用于道路绿化、林荫广场。可单列、双列或多列，亦可栽植一种、两种或多种植物（图6.74）。高速公路两侧及中央隔离带，应用两种以上植物列植，以丰富景观，缓解司机的视疲劳。

列植株行距：大乔木 5~8 米，中小乔木 3~5 米，大灌木 2~3 米，绿篱 30~50 厘米。

（5）群植

多见于自然景观，由 20 种以上植物构成（图6.75）。但品种不宜过多，应有 1~2 种主体基调树种，群体组符合单体植物的生理生态要求。处于树群外缘的花灌木，一般呈丛状配置，自然错落、断续；林冠线、林缘线应富于起伏变化。在树高的 4 倍，树群宽的 1.5 倍以上处，留出空地作为观赏视距。

图 6.74　列植

图 6.75　群植（上海辰山植物园）

2）按树种搭配分类

植物设计方案按树种的搭配和组成可以分为纯林、混交林。

① 纯林：由一个树种组成。为丰富其景观效果，树下可用耐荫花卉如玉簪、萱草、金银花等作地被植物。特点是整齐壮观，病虫害多，生物多样性差。

② 混交林：特点是景观丰富，病虫害少，生态系统稳定。

3）按栽植密度分类

植物设计方案按种植密度可以分为疏林与密林。密林的郁闭度可以达到 70% 以上，疏林的郁闭度在 10%~20%。

（1）疏林

疏林舒适、明朗，适于游人活动，景观中运用较多，特别是春秋晴日，在林下野餐、听音乐、游戏、健身、阅读、晒日光浴等，颇受欢迎。疏林按游人密度的不同，可设计成三种形式：

① 疏林草地。在人流量不大，游人进入活动不会踩坏草地的情况下设置。疏林草地设计中，树林株行距应为 10~20 米，不小于成年树树冠直径，其间也可设林中空地。

树种选择要求以落叶树为主，树形疏朗的伞形冠较为理想，树木生长健壮，对不良环境，特别是通气性能差的土壤适应性强。树木以花、叶、干色彩美观，形态多样，具芳香为好（图 6.76）。所用草种应含水量少，组织坚固，耐旱，如禾本科的狗牙根和野牛草等。

图 6.76

图 6.76　疏林草地

② 疏林花地。在游人密度大，不进入内部活动的情况下设置。此种疏林要求乔木间距大些，以利于林下花卉植物生长。疏林花地内应设自然式道路，以便游人进入游览。道路密度以10%~15%为宜，沿路可设石椅、石凳或花架、休息亭等，道路交叉口可设置花丛（图6.77、图6.78）。

③ 疏林广场。在游人密度大，又需要进入疏林活动的情况下设置。林下全部为铺装广场（图6.79）。

图 6.77

图 6.78

图 6.79

图 6.77　疏林花地（沈阳世界园艺博览会）

图 6.78　疏林花地（上海辰山植物园）

图 6.79　疏林广场（沈阳世界园艺博览会）

（2）密林

单纯密林是由一个树种组成，简洁、壮观，但缺乏垂直郁闭景观和季相交替景观。混交密林设计中应注意（图6.80）：

① 于密林的不同部位做不同成层结构的处理。林缘部分垂直成层结构要突出，在适当地段安排两层结构，以将游人视线引入林层内，形成幽深景观，并安排林高3倍以

上的观赏视距。为诱导游人，主干路及小溪旁可配置自然式的花灌木带，形成林荫花径。自然小路旁，植物水平郁闭密度可大，垂直郁闭度要小，最好2/3以上地段不栽高于视线的灌木，以便透视深的林中景观。

② 密林的水平郁密度不应均匀分布。在需要能见度高的情况下，水平郁闭度可小于70%，需要能见度低的情况下，水平郁

图6.80　密林的层次结构与水平郁闭度的结合

闭度可大于70%，同时要留出大小不同的林中空地。

③ 混交密林的设计基本与树群相似。由于面积大，混交密林无需做每株树的定点设计，只做几种小面积的标准定型设计就可以了。

6）攀缘植物的造景方式

（1）附壁式

植物附着在墙体或建筑立面可改善温度，如爬山虎、扶芳藤、凌霄、常春藤等（图6.81、图6.82）。注意与被绿化物色彩、质感上的差异。爬山虎、凌霄、常春藤较为粗糙，络石、扶芳藤较为光滑。

图 6.81

图 6.82

图 6.81　攀缘植物的附壁式造景
　　　　（上左：扬州瘦西湖小金山，上右：北京颐和园，下：韩国仙游岛公园）

图 6.82　攀缘植物附壁式造景的乡村应用

（2）篱垣式

用于篱架、栏杆、铁丝网、矮墙等，防护、分隔空间为主要功能。常见植物为络石、牵牛花、金银花、胶东卫矛、蔷薇、凌霄等（图6.83）。

（3）棚架式

棚架式形式多样，往往结合设施营造惬意的纳凉和观景空间。常用植物有葡萄、紫藤、蔷薇、凌霄、炮仗花等（图6.84）。

图6.83

图6.84

图6.83　攀缘植物的篱垣式造景常见植物（左：蔷薇，中上：藤本月季，中下：金银花，右：凌霄）

图6.84　攀缘植物的棚架式造景（苏州留园）

（4）立柱式

多见于城市立交桥支柱的立体绿化，部分公园中也可见到。选择适应性强、耐阴、抗污染的树种。

（5）假山置石的绿化

中国传统园林及自然生态类景观中多见（图6.85）。

图6.85

图6.85　攀援植物与假山置石的结合（上左：韩国爱宝乐园，上右：苏州留园，下：扬州个园）

7）草本花卉的造景方式

（1）花坛

盛花花坛：简洁鲜明，以一二年生的花卉为主，色彩艳丽，突出群体色彩美。

毛毡花坛：为装饰性强的图案，可与修剪的观叶植物搭配（图6.86）。

模纹花坛：轮廓简单，纹样复杂，多见于公园、会场入口处（图6.87）。

浮雕花坛：表面凹凸不平，有浮雕效果（图6.88）。

时钟花坛：将花卉做成具有时钟造型和功能的花坛（图6.89）。

立体花坛：以框架和各种植物材料组成，一般作为大型花坛的构图中心，或街道绿地的中心。

造景花坛：构建小型自然景观，用于国庆等重大节庆日（图6.90）。

花坛设计注意事项：①风格、体量、形态、色彩要与环境相协调。如广场中心花坛面积应为广场的1/5~1/3；②尺度上，长短轴之比一般小于3：1；③离驻足点1.5米以内，以草坪地被为主；离驻足点1.5~4.5米，视觉效果最佳，设计花坛图案；离驻足点大于4.5米，花坛表面应倾斜30°～60°。

图6.86　盛花花坛（左）与毛毡花坛（右）

图6.87　模纹花坛（青岛世界园艺博览园）

图 6.88

图 6.89

图 6.90

图 6.88　浮雕花坛

图 6.89　时钟花坛（左）与立体花坛（右）

图 6.90　造景花坛

（2）花境

模拟自然界中林地边缘地带的多种野生花卉交错生长的状态，运用艺术手法提炼、设计，体现植物的群体和自然之美。位于道路两旁、绿地边缘或建筑前，色彩丰富，四季有景，分为单面观赏、双面观赏和对应式花境等形式（图6.91）。

常用花境植物的选择：

花灌木：杜鹃、连翘、八仙花、珍珠梅、丁香、石楠、月季、五针松、红枫等。

宿根花卉：芍药、萱草、鸢尾、玉簪、耧斗菜等。

球根花卉：郁金香、百合、美人蕉、唐菖蒲等。

一二年生花卉：一串红、万寿菊、矮牵牛、虞美人、三色堇、彩叶草等。

（3）花台

花台是明显高出地面的小型花坛。面积小，为5平方米左右，高度大于0.5米，位于小型广场、庭院、建筑周围及道路两侧，也可与假山、坐凳、围墙等结合（图6.92）。一个花台往往选用1~2种植物，分为规则式和自然式。

（4）花池

利用砖、混凝土、石材、木头等砌筑池边，高度小于0.5米，有时低于自然草坪，常与休闲座椅结合（图6.93）。

图6.91

图6.91　花境的营造

图 6.92

图 6.93

图 6.92　花台的营造
图 6.93　花池的营造

（5）花箱、花钵

体积较小，形式多样，多用于街道或广场，发挥点缀作用（图6.94）。

（6）花丛

为直接布置于绿地中，无围边材料的小规模花卉群体景观（图6.95）。多见于林下、林缘、路边、疏林草地、岩石边等处，忌种类太多。不可使用野生花卉和自播能力强的花卉。

图 6.94　花箱、花钵的尺度与应用

图 6.95　花丛的设计与应用

8）草坪与地被植物

（1）草坪

草坪按功能用途，可以分为游憩性草坪、观赏性草坪、运动场草坪和护坡草坪等。

草坪设计面积在满足功能的情况下，尽可能小。空间上，与建筑、地形、树丛相结合，形成一定的空间感和领地感。树丛高与草坪宽之比为 1：10，视野开阔又不失空间感。

形状上，简单圆润，避免尖角，可栽植地被植物予以消除。可与乔灌木、花卉搭配。乔木为主景时，位于草坪中央；草坪为主景时，乔木位于边缘。可用花灌木点缀，缀花于草坪中，花卉面积不宜超过草坪总面积的1/3~1/4。

（2）地被植物

地被植物的功能及特点包括：保护视野开阔的非活动场所；阻止游人进入场地；坡面护坡，防止水土流失；在杂草猖獗，草坪无法生长时使用；管理不方便，如剪草机无法进入；可在郊野公园、自然保护区等需要体现野趣的景观中使用。

景观设计时，适地适植，合理搭配，根据功能选择地被。

根据景观需要，作为背景时，选择枝叶细小的，如白三叶、酢浆草；作为主景时，选择花色艳丽、观赏价值高的，如四季海棠、玉簪。

6.4.3　植物景观的空间营造

空间感是由地平面、垂直面和顶平面单独或共同组合成的实在或暗示性的范围围合。植物能充当空间的构成因素，如同建筑物的地面、天花板、围墙、门窗。主要体现在：构成空间、障景，控制私密性。

1）构成要素

（1）地平面

草坪、地被植物虽不具备实体的视线屏障，但能暗示空间范围，构成虚空间（图6.96）。

图 6.96

图 6.96　草坪与地被构建地面虚空间（威海羊亭公园）

（2）垂直面

　　树干相当于支柱，空间密闭程度随树干的大小、疏密、种植形式而不同。落叶植物的封闭程度随着季节而变化（图6.97）。

（3）顶平面

　　顶平面往往由树冠覆盖形成。城市布局中，树木的间距应在3~5米。树木间距超过9米，便失去了视觉效应（图6.98）。

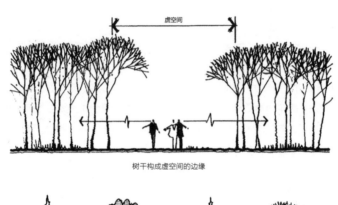

树干构成虚空间的边缘

夏季空间封闭视线

冬季空间开敞视线透出空间

图6.97

树冠的底部形成顶平面空间

图6.98

图6.97　植物景观的垂直面（诺曼·K.布思，1989）

图6.98　植物景观的顶平面（诺曼·K.布思，1989）

2）空间类型及其组成

空间的三个面以各种形式相互组合，构成不同的空间形式。空间的封闭度随围合植物的高矮、大小、株距及观赏者与周围植物的相对位置而变化。设计师首先要明确设计目的和空间性质，而后才能开始选材设计。

（1）开敞空间

低矮的灌木和地被植物形成开敞空间（图6.99）。

（2）半开敞空间

一面或几面的部分被较高植物封闭起来（图6.100）。

（3）覆盖空间

用树冠浓密的遮阴树构成一个顶部覆盖，四周开敞（图6.101）。

（4）完全封闭空间

与覆盖空间相似，但四周均被中小植物封闭（图6.102）。

（5）垂直空间

运用高而细的植物构成一个垂直面封闭、朝天开敞的室外空间（图6.103）。

图6.99　开敞空间（张志国 摄）

图6.100　半开敞空间（上海后滩公园）

图 6.101

完全封闭空间

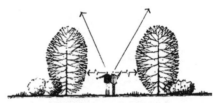

封闭垂直面，平面开敞的垂直空间

图 6.102

图 6.103

图 6.101　覆盖空间

图 6.102　完全封闭空间（左）与垂直空间（右）（诺曼·K. 布思，1989）

图 6.103　植物垂直空间实景

3）植物的空间美化作用

（1）完善作用

植物与其他要素相互配合，共同构成空间轮廓。设计师在不变动地形的情况下，利用植物调节空间范围内的所有方面，创造丰富多彩的空间序列（图6.104）。植物可以完善由建筑或围墙所构成的空间，称之为围合（图6.105）；也可以将大空间分割为小空间，称之为分割（图6.106）；景观中用植物将其他孤立的因素在视觉上连接成一个整体的室外空间，称之为连接（图6.107）。

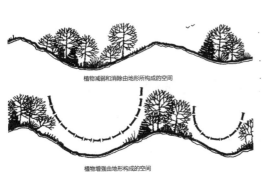

图 6.104

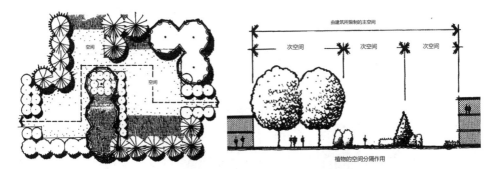

图 6.105

图 6.106

图 6.107

图 6.104　植物对地形的完善作用（诺曼·K.布思，1989）

图 6.105　植物对空间的围合（诺曼·K.布思，1989）

图 6.106　植物对空间的分割（诺曼·K.布思，1989）

图 6.107　植物对空间的连接（诺曼·K.布思，1989）

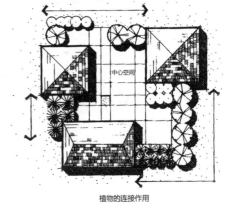

（2）统一作用

使建筑与周围环境相协调，在视觉和功能上成为一个统一体。植物重新定义房屋形状和块面，将房屋轮廓线延伸至室外或相邻环境（图6.108）。植物充当恒定的因素，作为引线，将环境中杂乱无章的景色统一起来（图6.109）。

植物与建筑互补，植物延长建筑轮廓线

树冠的下层延续了房屋的天花板，使室内外空间融为一体

图6.108

无树木的街景杂乱无章，协调性差

有树木的街景，由于树木的共同性而统一起来

图6.109

图6.108　植物对建筑内外空间及立面的统一作用（诺曼·K. 布思，1989）

图6.109　植物对街区立面的统一作用（诺曼·K. 布思，1989）

（3）强调与识别作用

户外环境中，借助植物与众不同的大小、形态、色彩、质地等突出或强调某些特殊景物的特征、重要性和位置，多用于建筑或公共场所入口（图 6.110、图 6.111）。

图 6.110

图 6.110　植物的强调作用

图 6.111

图 6.111　植物的识别作用

（4）柔化作用

植物可以柔化粗糙、僵硬的建筑或构筑物（图6.112）。

（5）框景作用

植物以叶片、枝干形成景框，类似于中国古典园林中的框景（图6.113）。

图 6.112　植物的柔化作用（中国美术学院象山校区）

图 6.113　植物的框景功能

（6）景障作用与私密性控制

障景为使用不通透的植物，遮挡景观中的俗物或不雅之物，如中国古典园林中的"俗则屏之"。设计中要考虑的因素包括观赏者的位置、被障物的高度、观赏者与被障物的间距、地形以及常绿植物的选择。障景设计的最佳方法为沿预定视线画出区域图（图6.114）。

利用植物遮挡视线，并对一定的区域进行围合，可以起到控制私密性的作用。要注意植物的高度，植物高度齐胸形成半私密空间，植物高度大于2米时，私密性最强。高档住宅区，尤其是别墅区的私密性控制很重要。

6.4.4 植物的生态功能

1）保护与改善生态环境

植物的生态保护功能体现在生物多样性、保持水土、吸收二氧化碳（CO_2）等方面。一棵50年树龄的乔木在上述三方面能创造的价值，合计约19.625万美元。

（1）净化空气

① 通过光合作用，实现碳氧平衡。

② 部分植物能够吸收空气中的有毒气体。夹竹桃、广玉兰、梧桐、龙柏、银杏、悬铃木等可以吸收二氧化硫（SO_2）气体；构树、合欢、柽柳、女贞、紫荆、刺槐等可以吸收氯气（Cl_2）；泡桐、白蜡、女贞、刺槐、大叶黄杨等可以吸收氟化物；大叶黄杨、悬铃木、女贞、石榴等对铅、汞的吸收作用明显。

③ 部分植物可以吸收放射性物质，如仙人掌、景天、栎树等。

④ 滞尘，适用于行道树的使用，如榆树、核桃、毛白杨、构树、板栗、朴树、悬铃木等。

（2）杀菌

植物可以分泌挥发性杀菌物质。如侧柏、雪松、黄栌、盐肤木、胡桃、刺槐、丁香、茉莉等。

（3）通风、防风

通风：设置风道，引导清新凉爽空气（与

常绿植物在任何季节都可以作为屏障

图6.114

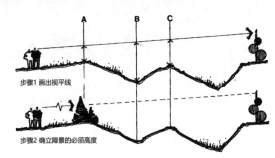

步骤1 画出视平线

步骤2 确立障景的必须高度

图6.114　植物景障的功能（诺曼·K.布思，1989）

道路水系结合）。

防风：防风林防止海风、风沙侵入。

（4）净化污水

水生植物吸收污染物的能力从高到低依次为：漂浮植物、挺水植物、沉水植物。植物分泌化学物质与污染物反应变为无害物质，杀灭水中细菌。

（5）治理土壤污染

根系能够吸收有害物质。利用植物能够吸收、转化、消除或降解土壤污染物而不影响自身生存的能力，发展了植物修复技术。例如，向日葵吸收铅，紫茉莉吸收镉。植物对污染物有吸收、富集能力，在污染土壤种植的植物收获后须妥善处理（灰化回收），移出土壤。

（6）防火

种植防火林。选择含树脂少，不易燃，萌芽力强，分蘖力强，着火时不会产生火焰的植物。如刺槐、核桃、银杏、大叶黄杨、栓皮栎、女贞、构树等。

（7）水土保持

树冠可截流雨水，减少其对地面的冲刷，减少地表径流，加强水分下渗，兼有护坡的作用。

（8）降低噪声

松柏类、悬铃木、梧桐、臭椿等植物具有减噪功能。

（9）改善小气候

植物具有降温、增湿、调节风速的作用（图6.115）。

常绿植物置于建筑的西北方向可阻挡冬季寒冷的西北风

图6.115

图6.115　植物降低风速调整微气候的功能（诺曼·K.布思，1989）

6.4.5 设计案例：威海玛珈山生态景观设计

本设计方案通过对威海生态斑块总体布局的分析，结合鸟类栖息地分布（图6.116），将场地定位为人类聚居地中的鸟类栖息地（图6.117）。

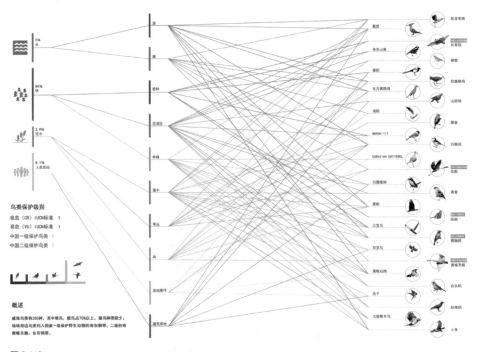

图 6.116

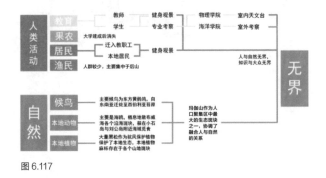

图6.117

图 6.116　威海鸟类按栖息地分布概况

图 6.117　设计场地主题与定位形成过程构思

本斑块由中心向边缘依次为乔木群落、乔灌群落、亲水乔灌群落和林缘群落。通过植被更新形成完整的林灌草结构，将破碎化的斑块连成一个整体（图6.118），为各种鸟类的栖息提供多样化的生态环境，最大限度地发挥植物景观的生态效应。构建以鸟类与人类和谐共生为主要目标的生态景观，形成生态保护区、观景区、林缘过渡区、科研教育区、漫步区和休憩区等功能区域以及重要景点十一处（图6.119~图6.124）。

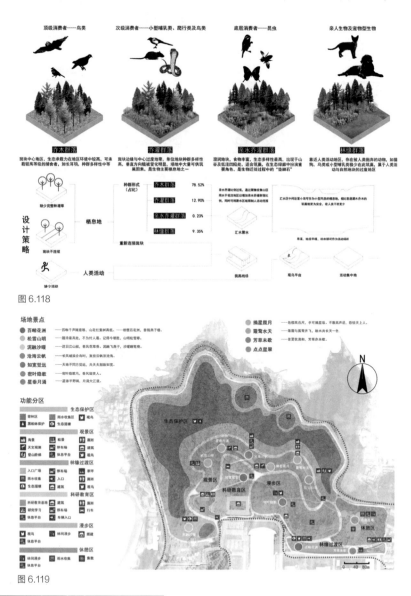

图 6.118

图 6.119

图 6.118　设计场地斑块植被分布与设计策略分析
图 6.119　设计场地功能分区与景点布局

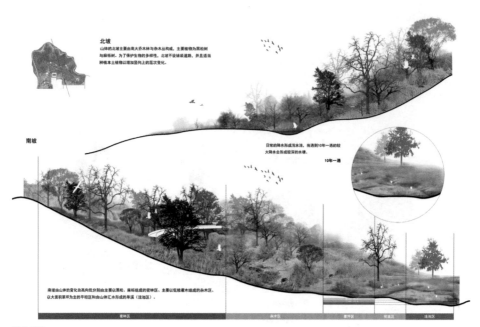

北坡

山体的北坡主要由高大乔木林与杂木丛构成，主要植物为黑松树与麻栎树，为了保护生物的多样性，北坡不设铺装道路，并且适当种植本土植物以增加竖向上的层次变化。

南坡

日常的降水形成溪水流冲汇，遇到10年一遇的较大降水会形成灌深的水塘。

10年一遇

南坡由山体的变化自高向低分别由主要以黑松、麻栎组成的密林区，主要以低矮灌木组成的杂木区，以大面积草坪为主的平坦区和由山体汇水形成的草溪（洼地区）。

密林区　　　杂木区　　灌木区　草坪区　洼地区

图 6.120

●觅食植物　●筑巢植物

图 6.121

图 6.120　　植被连接各个群落与斑块提升景观连续性

图 6.121　　斑块从中心到边缘不同群落结构的植被设计方案

图 6.122

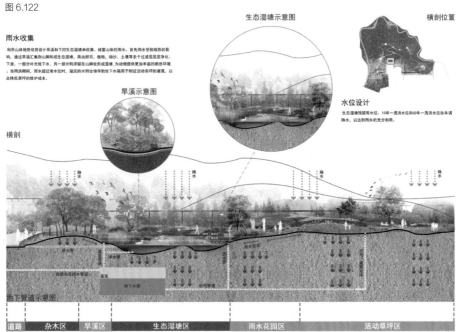

图 6.123

图 6.122　鸟类与植被分布预测效果图

图 6.123　场地水系统设计示意

图 6.124

入口广场 Entrance plaza

图 6.124　场地入口景观设计效果图

7

景观规划设计实践

○ 城市景观类
○ 乡村景观类

7.1 城市景观类

7.1.1 印海·潮生——威海国际海水浴场景观概念性规划

1）场地概况

设计场地位于山东省威海市文化西路山东大学威海校区西侧，是在威海最大的国际海水浴场的中段位置，西南部为白帆广场，东南部紧邻住宅区与学校。该场地交通便捷，方位良好。但从场地使用来看，呈现出明显的季节性差异，表现为夏季外地游客集中，人流庞杂，交通拥堵；冬季人迹罕见；春秋季节人流适中，以本地居民为主，由于活动设施和场所的限制，人群停留时间短。虽然是威海市著名的风景观赏地点，却失去了为本地居民服务的功能（图7.1）。

2）设计定位

本场地的设计定位为现代滨海休闲娱乐景观，分区多样化，场地内部设置与高科技结合的景观节点与小品。游人置身其中，不仅可以观景，而且能够获得更加完善的互动参与和现代生活的体验感。

3）设计主题——印海·潮生

场地以海洋生物的生长为设计理念的基础。万事万物皆由海洋孕育而来，而海洋生物也是海洋当中最纷繁复杂的生命个体，以海洋生物生长周而复始的过程为设计理念，体现了对于生命生生不息的思考。相对车马喧嚣的都市，海洋是一块净土。在滨海景观当中静心思考生命的繁衍更替，探索成长的意义，是本设计的思想核心。那些应海潮而生的纹路，同时

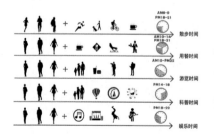

图 7.1

图 7.1　威海国际海水浴场现状与人群分析

也暗含人生的哲理与生命的力量。地球上诞生最初的生命是蓝藻，以蓝藻形象为基础元素，搭配海潮的纹理加以变形（图7.2），整体设计以多变的弧线为主，穿插层层交替叠加的模式（图7.3、图7.4），也代表着海洋的生长轨迹如同年轮一样刻上了岁月的痕迹。综合考虑水体、植物、光照等自然因素以及道路交通和视觉体验等人文要素（图7.5~图7.8），构成场地总体结构和布局，印证着海洋的无限的生机和无穷力量。

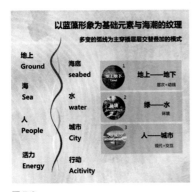

图 7.2

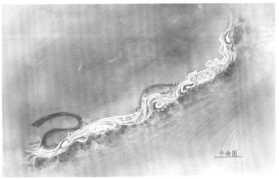

图 7.3

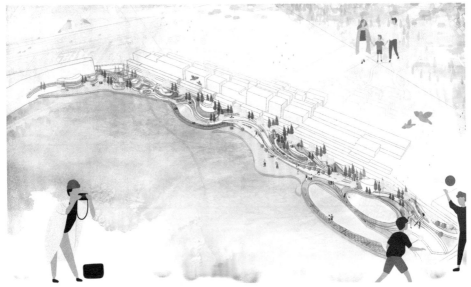

图 7.4

图 7.2　印海·潮生设计主题构思

图 7.3　印海·潮生景观平面图

图 7.4　印海·潮生景观设计鸟瞰图

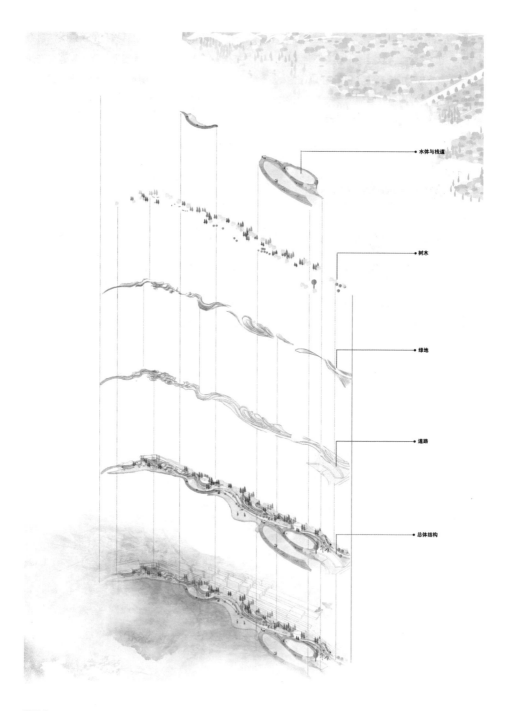

水体与栈道

树木

绿地

道路

总体结构

图 7.5

图 7.5　印海·潮生景观结构分层分析

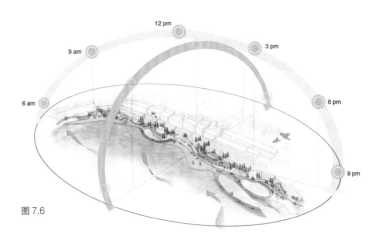

图 7.6

▶交通流线分析   ▶视线分析

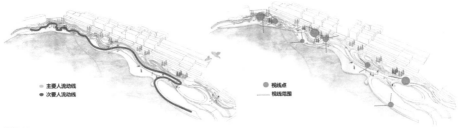

图 7.7

图 7.8

图 7.6　印海·潮生光照分析

图 7.7　印海·潮生交通流线与景观视线分析

图 7.8　印海·潮生立面

4）功能分区与景点设置

根据场所定位及场地资源，将规划区域划分为入口景观区、儿童娱乐区、临海观光区和文化体验区（图7.9）。

（1）入口景观区

拥有引导游客观光以及展示景色的功能。入口区加入了音乐灯带，互动景观并未增加原有设施的复杂性，而仅仅是提升了使用时的视听审美体验和感受，增加了人与人之间活动交流的可能性（图7.10）。

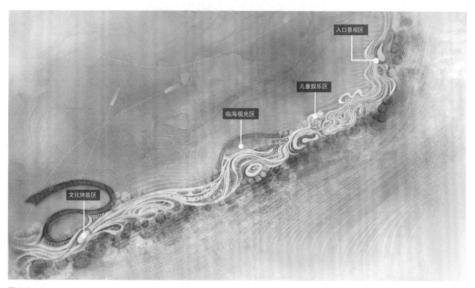

图7.9

图7.10

图7.9　印海·潮生功能分区

图7.10　印海·潮生入口景观效果图

（2）儿童娱乐区

为儿童提供趣味娱乐休闲之地。设计中考虑季节的因素，在一年四季都演绎着不同的色彩，同时也进行着不同的活动。在儿童娱乐区中融入科普的元素，驳岸与水面的过渡空间进行创意分割，形成一定的活动范围，引入高科技体验，营造活泼动感的场所氛围（图7.11）。该区域设置的主要景点包括：

踏水寻光路：白天，光路在颜色和反射方面发生变化，颜色反映温度的变化，而在可行走的二向色表面反射出天气的状态；夜晚，光路流动并发光，营造逼真的夜景效果，与大海共呼吸。让孩子们体验自然的瞬息万变，更感受探寻光明之路需要面对的多变与艰辛。

跷板音乐盒：在每一块跷跷板上加上LED光带，跷跷板能够根据运动节奏播放不同的音乐，随着跷跷板上的上下起伏，LED灯的强度和音乐声也会随之改变，让游客感知来自身体节奏的独一无二的回响（图7.12）。

图 7.11

图 7.12

图7.11　印海·潮生儿童娱乐区及踏水寻光路效果图

图7.12　印海·潮生跷板音乐盒景观设计效果图

（3）临海观光区

为主要观海区域，能让游客最大限度地欣赏丰富的海洋景观。主要景点设置包括：

①观海栈道：狭长的观海步道为游客提供了更好的观景平台，加强了人与海的互动，也是本地居民惬意的休闲步道（图7.13）。

②室内休闲吧：于栈道中延伸入海的部分，设置立体观海室内休闲吧，内设书屋、咖啡屋、艺术餐厅等市民服务设施，丰富休闲吧的文化内涵，融入城市公共文化服务体系，提升滨海空间服务于本地市民日常文化生活的能力。面海一面采用落地玻璃材料和结构，让游人与海景融为一体，丰富冬季景观（图7.14）。

图 7.13

图 7.14

图 7.13　印海·潮生观海栈道景观设计效果图

图 7.14　印海·潮生观海室内休闲吧效果图

（4）文化体验区

　　游客能够在这里参与体验现代化技术与景观结合的项目，为滨海景观注入现代化元素。

　　①中心体验区：该区域设置大面积水体，在冬季设置滑冰项目（图 7.15），夏季软硬质景观相互结合，视觉与体验感也随之升级。

用于举办露天音乐会、音乐节等活动，同时也是游人和本地居民散步、跑步的最佳场所；利用冬季海边的风力资源设置小型风力发电装置，在观景步道侧设置发光体，丰富夜晚景观，提升科技感（图 7.16）。

图 7.15

图 7.16

图 7.15　印海·潮生溜冰场景观设计效果图

图 7.16　印海·潮生中心体验区景观设计效果图

②故事万花筒：每个 Loop 灯光装置有 2 米宽的圆筒，人们进入里面就可以驱动该装置。当两人在里面来回拉动杠杆时，这个圆筒就开始旋转，之后开始发亮，24 个与地方文化故事相关的黑白图画也会随着移动（图7.17），犹如身处万花筒一般的梦幻世界，故事与人互动，提升了使用者的文化体验感。

③互动 LED 跑道：可以记录和追踪跑步时的动态图像，将跑步的相关数据信息传到 LED 屏上（图 7.18）。

图 7.17

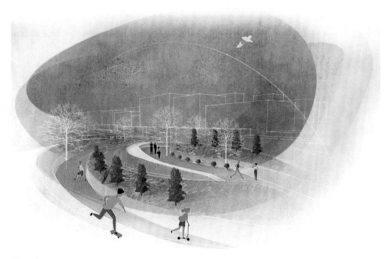

图 7.18

图 7.17　印海·潮生童话万花筒（Loop 灯光装置）景观设计效果图

图 7.18　印海·潮生 LED 跑道景观设计效果图

7.1.2 九凤朝阳——泰山奈河河道（南湖大街—岱宗大街段）景观改造

1）地理位置

泰安奈河处于山东省泰安市泰山区，河流发源于泰山天街，流经十八盘、中天门，此段河流统称通天河。向西流经黄岘岭时，因河床淡黄，水质清澈，被称为黄溪河。再向南流经无极庙东墙到西溪，因三个百丈悬崖形成了龙潭瀑布，经过龙潭瀑布后此河就称为奈河。《方舆纪要》卷三十一《泰安州》载：奈河"出岳西白龙池，亦南流会于泮河，并入汶河"。奈河古称天门下溪水，在今山东泰安市西，将泰安市区一分为二，是环泰城中部的重要景观河流。奈河沿泰山西麓就势而下，流经泰安城区环山路、擂鼓石大街、东岳大街、灵山大街等几大东西向城市主干道路，在泮河大街处汇入泮河，全长 11.8 千米，流域面积 34 平方千米，河道宽 15~65 米。

2）奈河名称由来及文化

奈河在旧的书籍资料中一直写作"渿河"，但是由于"渿"字极为生僻，已经不再使用，所以目前相关论文资料基本都采用"奈"字作为替代，本文也使用"奈"字来替代原有的"渿"。"奈河"二字是印度梵文"地狱"的译音。也就是说，"奈河"作为地狱的观念是受了印度佛教影响，但作为冥间之河，却属汉化佛教的创造。这一名称的最早出现，集中于唐代。佛教传入中国后，其作为地狱的象征与地狱之主阎罗王亦逐渐流行。至唐末，佛教中已有"十殿阎罗"之说，且皆由中国官员担任，这与本来十分盛行的泰山治鬼观念十分契合，遂合二为一，在泰山衍化

为阴曹地府——蒿里山神祠和地狱界河——奈河，再加上泰山入口处的丰都庙，构成泰山的阴司地狱系统。阴司同人间、天庭共同构成了历史上泰城的"三重空间"。目前，泰安市对"三重空间"进行了新的规划设计，以恢复泰城的历史文化轴线，再现厚土大德—人间闹市—天堂仙境"三重空间"的历史风貌。所谓"三重空间"中的"厚土大德"，指的是以蒿里山为中心，包括社首山，规划范围北、东至铁路沿线，南至灵山大街两侧，西至泰山大街东首；"人间闹市"也就是古泰城，规划控制范围包括灵应宫、灵山大街、古泰城南门、通天街、岱庙、红门路、红门，以及通天街南部的南关大街及以南；"天堂仙境"指的是自一天门到岱顶及相关的景点。恢复泰山历史文化轴线，再现厚土大德—人间闹市—天堂仙境"三重空间"的历史风貌，可充分展示泰山独有的帝王封禅文化和民间优秀文化。

3）现状分析

（1）与城市之间的关系

泰安城市河流为城市增添了全方位的景观视角，河流景观也是泰安城市景观打造自我特色的重点区域。在完整的城市景观体系中，两者是缺一不可的。

南湖大街—岱宗大街段为奈河河流中段，是泰城的闹市区，同时由于商业发达，生活气息特别浓厚。尤其是奈河东路，由于邻近岱庙和灵应宫等历史古迹，所以外地游客络绎不绝。该区域还邻近山东农业大学、泰安一中等学校，文化气氛较为浓厚。同时还是泰安少数民族聚居区和泰城中华圣公会教堂所在地，所以多种宗教文化相互交织。虽然具有这么多优势，但硬件设施落后，周围建

筑老化严重，使得此段无法充分发挥其旅游价值。泰安奈河（南湖大街—岱宗大街段）共有6处充气水坝，每个水坝高差大约两米，具有蓄水调洪的作用，最宽72米，最窄25米。长约2.2千米。周边大部分为居民区，其次为商业娱乐区，经过泰安市南湖公园。

（2）存在的主要问题

奈河河道（南湖大街—岱宗大街段）面临的主要问题有三个：

① 现有的直立式人工护岸破坏了河流形态的多样化，削弱了河流的净化能力。

② 河道穿过居民区、大型超市购物区和批发市场，夜晚市民数量明显比白天的市民数量少。河道两侧空间狭小、无序，并因为周边功能高负荷——白天的工作者、购物者人流和夜晚居住周边的居民人流量大，导致缺乏停车位。

③ 景观质量差，护岸带上的植物景观配置和设计层次单调，仅仅考虑了功能需求，没有关注居民便利和景观观赏性。

4）定位与主题

（1）景观定位：民俗亲水休闲河道

为寄情于奈河，为周围的居民构建奈河的景观记忆提供休闲亲水滨水景观，让人们有处所祭，让泰安文化如河流一般流传百世……

（2）设计主题：九凤朝阳

在奈河自身文化基础上，结合当代人对生与死的思考，与当地市民风俗习惯相应和。

奈河发源于泰山，历史文化与泰山文化互相衬托。奈河在中国历史上是引渡人生与死的界限。在除夕、清明节、亲人祭拜等日子里，奈河两侧都会有当地市民烧纸祭祀，寄托祝福和思念。

奈河上游有两处水域，分别叫"白龙池"和"黑龙潭"。结合中国传统文化，有阳必有阴，有龙必有凤，有龙有凤才可谓是国泰民安，社会繁荣的象征。因此，引用凤凰涅槃的典故，希望市民们能寄情于奈河。逝者，能有人所思，有人所祭，虽死犹生；生者，能有处所思，有处所祭，将亲人、祖先的爱世世代代传递下去。

5）场地规划

（1）功能分区

根据周边环境赋予场地不同的性质，将奈河（南湖大街—岱宗大街段）功能划分为五个区域（图7.19、图7.20）：

❶ 朝阳国道　　　❹ 水雾之路　　　❼ 夜市场地　　　　　❿ 大型购物超市机动车、非机动车停车场　⓭ "展翅腾飞"下沉式广场
❷ 百鸟朝凤　　　❺ "凤低戏水"亲水平台　❽ "影婆露纹"老年活动场地　⓫ "凤翼云霄"休憩廊架　　　　　　　⓮ "凤羽捧云"景观桥
❸ "丹凤"水上活动平台　❻ "凤舞林间"景观桥　❾ "柳梳青霞"商场出入口休憩平台　⓬ 社区机动车停车场　　　　　　　⓯ "凤醉花溪"自然式亲水场地

图7.19

图7.19　泰山奈河河道（南湖大街—岱宗大街段）景观改造总平面图

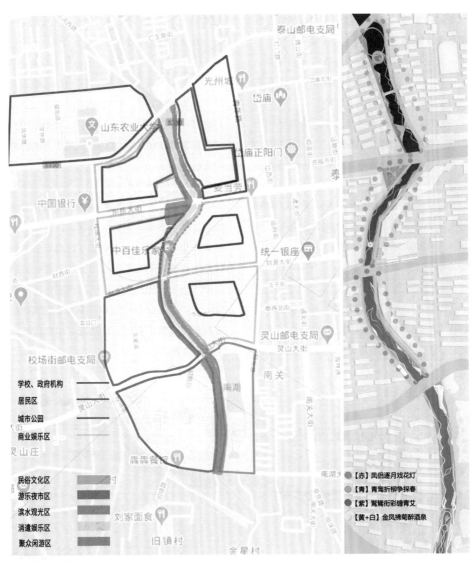

图 7.20

图 7.20 泰山奈河河道（南湖大街—岱宗大街段）功能与景观分区

民俗文化区：用于宣传泰安文化以及民俗活动，如元宵放花灯、中秋赏月等。

游乐夜市区：在泰安延续二十多年的，由政府保护的夜市，是夏日里年轻人爱去的地方。

滨水观光区：可亲水游览，提高场地参与性，增加人与自然的互动。

消遣娱乐区：场地有桥等基础设施，紧邻餐饮一条街。

聚众闲游区：场地小，空间零碎，零碎的空间为社区生活提供了休闲、聚会闲谈的场所。附加解决周边居民停车位紧张的问题，增设停车位。

（2）景观分区

凤象者五，五色而赤多者，凤；黄多者，鹓鶵；紫多者，鸑鷟；青多者，青鸾；白多者，鸿鹄。据此，将场地景观进行如下分区（图7.21）：

赤：凤侣逐月戏花灯

凤侣是一个汉语词语，比喻好友或美好的情侣。打造元宵节烂漫花灯夜市、元宵节花灯手作等民俗活动。包括朝阳环道（图7.22）、百鸟朝凤、"丹凤"水上运动平台、水雾之路、"凤侣戏水"亲水平台（图7.23）、凤舞林间等景点。

青：青鸾折柳争探春

宋代赵令畤《蝶恋花》词："废寝忘餐思想遍。赖有青鸾，不必凭鱼雁。"青鸾可谓是寄托相思的信使。清明节又称踏青节，踏青亦为探春。河流两岸柳枝纷飞，人们除了在岸边烧纸祭祖，还可以折柳编帽，在屋头插柳，在树下荡秋千，踏青，感受春天的到来。设置影绰露纹（老年人活动区）和柳拂青鸾两处主要景点。

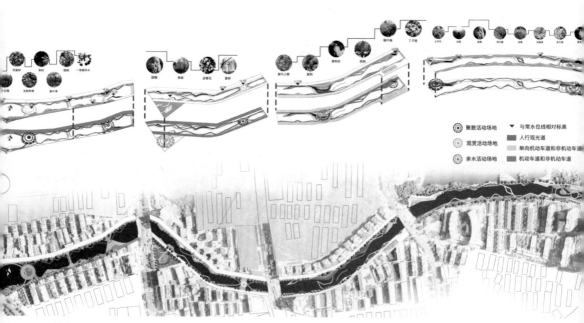

图 7.21

图 7.21　泰山奈河河道（南湖大街—岱宗大街段）景观结构分析

图 7.22

图 7.23

图 7.22　朝阳环道景点效果图

图 7.23　"凤侣戏水"亲水平台景点效果图

紫：鸳鸯衔彩缠青艾

端午节的时候，挂茱萸，挂艾草，用红、黄、蓝、绿、紫五种彩线编成的线绳，为人们营造浓浓的端午节气氛。为孩子系五彩线有祈福纳吉的美好寓意，以辟邪驱瘟、逢凶化吉。端午节相传是用来纪念屈原的节日，鸳鸯象征着坚贞不屈的品质。据说在端午节后的第一个雨天，就要把五彩绳剪掉，扔在雨中，这样就能为孩子祈求一年的平安、吉祥。以"凤翼云霄"休憩廊架为主要景点（图7.24）。

黄+白：金凤拂菊醉酒泉

在重阳节登高饮菊花酒，感受晚秋时节，享受一年当中最后的踏水嬉戏。从此处出发，观赏着野菊，向北登高，远眺泰山。尾部意为鸿鹄，取飞行高远之意。设有展翅腾飞、凤羽拂云（图7.25）、凤醉花溪（图7.26、图7.27）三处重要景点。

图7.24　"凤翼云霄"休憩廊架景观效果图

图7.25　"凤羽拂云"景点效果图

图 7.26

图 7.27

图 7.26　"凤醉花溪"自然式亲水场地景观效果图之一

图 7.27　"凤醉花溪"自然式亲水场地景观效果图之二

7.1.3 北行——山东大学威海天文台山地公园景观规划设计

1）场地概况

场地位于山东大学威海校区北首的名曰"玛珈山"的地方。由山东大学、中国科学院和威海市政府共同投资组建的"中国第一所高等学校天文台"——山东大学威海天文台就坐落于山顶，该天文台建设历时两年，于2007年6月9日正式落成。山顶视野开阔，植被繁茂。场地东部毗邻威海金沙滩海水浴场，北部是广阔的海域，西邻威海国际海水浴场，南俯山东大学威海校区，风景资源丰富，具备建设山体公园的条件（图7.28）。

2）定位与主题

（1）规划定位：威海科普式森林生态公园

依托天文台科普基地和山东大学综合学科优势，结合山体丰富的自然资源，打造以天文、植物、鸟类等自然科普为主体，集休闲、健身、观景、生态保护于一体的森林生态公园。山体南坡以科研和健身为主，北坡以生态保育和鸟类观赏为主。

（2）设计主题：北行

玛珈山位于威海市区和山东大学威海校区北侧，"北行"意为向北而行。求学应如行走于山间，多听，多看，多体味，多感知，潜心修学，坚韧笃行，方可到达高峰。"行至水穷处，坐看云起时。"

3）分区规划

本项目采用景观分区与功能分区相对应的分区方式，分区以植被区域和山脊为主要界线，与功能和景观节点相呼应（图7.29～图7.32）。场地按照"北行"景观分区的主要意向，着重打造了"行溪""行鸣""行梢""行云"四个主要景区，由主环路连接，通过支路可以快速到达各节点，在植被茂盛、生态良好的区域采用景观廊桥和木栈道的形式对场地加以保护（图7.33）。

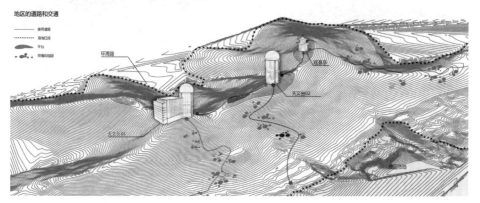

图7.28

图7.28 玛珈山地形地貌与现状格局

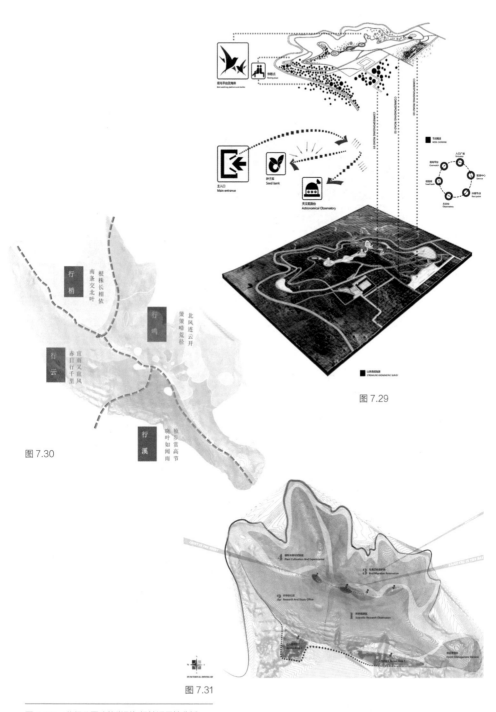

图 7.29

图 7.30

图 7.31

图 7.29　北行公园功能类型与场地适用性分析

图 7.30　北行公园景观分区

图 7.31　北行公园功能分区

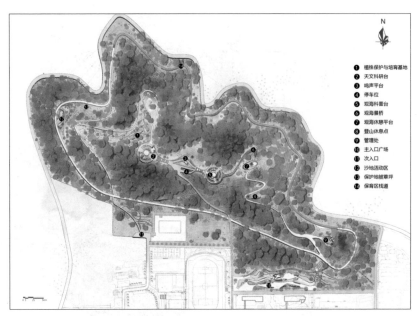

图 7.32

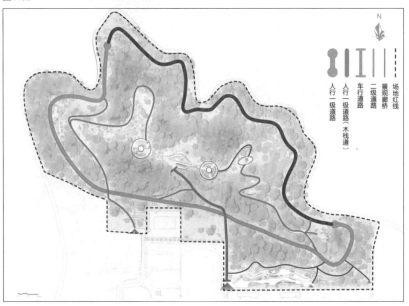

图 7.33

图 7.32　北行公园总平面图

图 7.33　北行公园交通系统分布

（1）"行溪"：晓叶如闻雨，独步赏高节

该景区着重打造并体现水元素，以创造丰富的入口体验，对应休憩与活动健身区以及场地入口。

作为主要入口，本区域设计了符合多种人群需求的活动、休憩、停车、亲水、观景、健身等空间。在设计尺度上最大限度地保证活动安全，并结合场地地形设计一系列充满野趣的活动空间。在树种选择上多采用乡土树种，并搭配不同的色叶树，营造舒适、清凉的活动空间（图 7.34~图 7.36）。

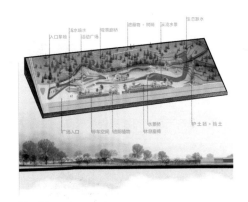

图 7.34

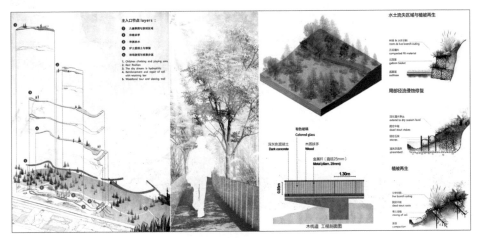

图 7.35

图 7.36

图 7.34 北行公园"行溪"景区轴测图及立面图

图 7.35 北行公园"行溪"景区各景观要素设计

图 7.36 北行公园"行溪"景区景观设计效果图

（2）"行鸣"：策策啼荒径，北风连云开

该景区对应生物保育与观赏区。以保育植物和鸟类迁徙地为主，人为干预较少，用木栈道与主路贯通。

本区域位于山体北部，人为活动和干扰较少，植被丰富，物种多样性较高，生态状况良好，故以保育为主。经调查，本区域可作为鸟类迁徙的栖息地，故设置掩体等设施（图 7.37），以不干扰生物的方式体验场地的野趣。山体下部的木栈道与主路相连，以尽可能地减少人们进入区域游览对生态的干扰，丰富公园体验（图 7.38）。

图 7.37

图 7.38

图 7.37　北行公园"行鸣"景区观鸟掩体效果图

图 7.38　北行公园"行鸣"景区木栈道设计

（3）"行梢"：南条交北叶，根株长相依

该景区利用模块化的方体为种子培育和科研教学提供了场所，对应植株培育与实验基地。

本场地充分利用地形，将不同规格、同一形态的简单 BOX 单体进行变化与组合，随坡就势，由高到低，从 4 米 ×4 米向 0.5 米 ×0.5 米依次递减过渡，形成具备植株培育、科研实验、科普观光以及产品输出等不同可能性的科研游览空间，并在道路周边形成可供人休息的座椅、藤本植物廊架等设施（图 7.39、图 7.40）。

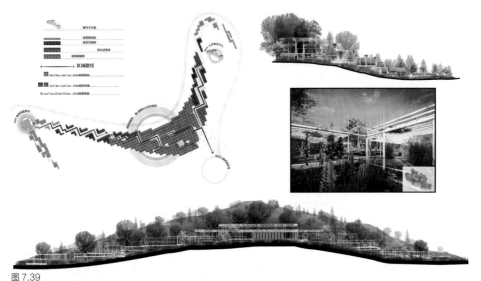

图 7.39

图 7.40

图 7.39　北行公园"行梢"景区植株保育区设计

图 7.40　北行公园"行梢"景区植株保育区及其步行空间景观设计效果图

种子基因库与实验科普站（Seed Bank）：以挪威斯瓦尔巴德群岛上的国际种子库为启发，本项目在山体北侧设计了集植株培育与储存、科普、实验等为一体的体验式实验游览区。在不对原始林地做出较大调整的前提下，以模块化拆解与拼搭方式，构筑封闭、半封闭、全开敞的廊架和底层平台，为生命科学的培育与实验提供多变的空间（图 7.41）。结合植物修复技术，进行重金属土壤污染修复实验与研究成果示范（图 7.42）。

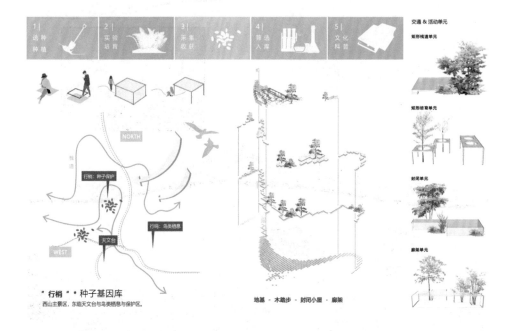

图 7.41

图 7.41　北行公园"行梢"景区种子基因库景观设计

室内小单体单元

室内中单体单元

室内大单体单元

图 7.42

图 7.42　北行公园"行梢"景区重金属土壤污染修复实验及示范空间设计

（4）"行云"：赤日行千里，宜雨又宜风

该景区为天文台办公研学区域，在此基础上，在视野良好的位置增设了观光游览等功能，形成科研观测与观海功能区。

该区域位于场地山脊线上，是场地海拔最高的位置，结合其优越的地理位置和观景视角，在保留原场地主要的建筑物及其科研办公功能以外，赋予观海观鸟、室外休憩等功能，并增设了停车空间（图7.43）。观海廊桥在东北处向外挑出，使得观景视野更加广阔，保证了观海的最佳视角，且对原生植被的干预达到最低。观海平台满足了人们长时间停留眺望的需求，用遮蔽物、石笼座椅、景观小品为人们提供必要的服务设施，观景走廊之下和石笼外壁上种植藤本植物以增加场地野趣（图7.44）。

图 7.43

图 7.44

图 7.43　北行公园"行云"景区立面图（下）及观海廊桥立面图（上）

图 7.44　北行公园"行云"景区观海廊桥景观设计效果图

　　景区内设置沙地广场，为前来参加科普
的儿童提供活动空间，与观海活动相呼应（图
7.45）。依托现有道德经石刻，设置"天人合一"
广场，让游客体验中国古典的"天人合一"
的智慧，也呼应天文台科普的主题（图7.46）。

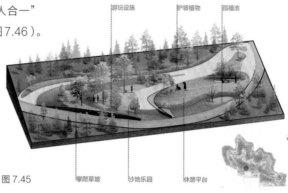

图7.45

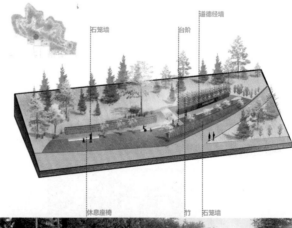

图7.46

图7.45　北行公园"行云"景区沙地广场景观设计效果图

图7.46　北行公园"行云"景区天人合一广场景观设计效果图

7.2 乡村景观类

7.2.1 威海小石岛传统旧建筑民宿区景观改造规划

1）概况

该场地位于山东省威海市环翠区小石岛，距离市中心约20分钟车程。场地紧邻小石岛景区和金沙滩国际海水浴场景区。周边自然植被资源丰富，环境优美，与沿海防护林带相连。两面环海，向东可以遥望整个金沙滩，与玛珈山遥相呼应。

前身为渔民的居住地，现已全部搬迁。目前场地内有大量废旧的老房子，砖石遍地。这些老房子镌刻着历史的遗迹，也向人们展示着当时的建筑形式和居住环境。但设计场地区域环境破坏严重，几乎无任何绿化，物种较为单一，自然环境脆弱，属于高敏感区域（图7.47）。由于威海地区土壤等条件，适合生长的植物较少且生长不易。因此，每一棵树木都很珍贵，任何不适当的改造都有可能造成无法挽回的损失。

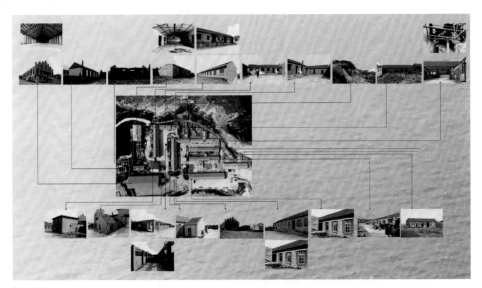

图7.47

图7.47　威海小石岛场地建筑现状

（1）劣势

① 部分房子的屋顶部分已被拆除，仅剩四面墙体。部分房屋尚存完好，部分年久失修，已成危房，需要拆除翻修。

② 场地内几乎无任何绿化，也无任何基础设施，枯燥乏味。

③ 此海域亦是海参养殖区，对于场地环境有一定的影响。

④ 东面与海滩相接处有大量垃圾堆积，严重影响环境。

⑤ 紧邻场地南部有一个水产仓库和一家酒店，对于场地环境和私密性有影响。

（2）优势

① 北面面朝大海，形成断崖式高差，礁石遍布，环境优美。

② 南面紧邻一条城市次干道。可眺望烟墩山及远山。顺此路而行，可至钓鱼场和小石岛主景区及造船厂。

③ 毗邻小石岛景区，小石岛是绝佳的赶海之地。

④ 场地入口处可以看到一座 20 世纪60—70 年代的建筑，上面写有"人民公社"字样，具有历史感。

⑤ 场地留存大量具有沧桑历史感的老建筑，肌理优美，可以利用。

3）主题与定位

规划定位：以民宿作为独立的旅游支点，追求高端化，打造高服务、高品质的精品民宿。以乡村文化为内涵，依托地域特色资源而发展，突出野趣、断崖、观海，同时自身也是旅游吸引物，结合周边资源，打造生态出行、禅修养性、商务度假等特色主题，提供具有文化情怀的特色民宿。场地实现精品民宿、高端消费、食宿文购、野趣山水、时尚聚落等主要功能的一站式服务。

设计主题：断崖潮海。利用场地天然优势，在漫长的断崖礁石的海岸线，朝看潮水落，暮看潮水涨。结合现状遗存建筑，围绕"崖、潮、野"三个关键词带给使用者充满自然、野趣、新奇的高档休闲民宿。

4）设计原则

① 尊重——以尊重传统的态度有限度地开发老建筑。

② 野趣——绿野之间掩映着古朴自然的精品民宿。

③ 时尚——在历史与文脉中营造更具活力的聚落氛围。

④ 便捷——构建更加便捷、舒适的旅游生活空间。

5）景观结构与分区规划

场地的功能分区主要包括入口区、停车区、商业服务区和居住区。以场地入口向海边延伸的垂直线为景观中轴，依次布局入口、中心静水面、主题雕塑、眺望台和景观栈道，形成起点—发展—高潮—尾声的景观序列（图 7.48、图 7.49）。

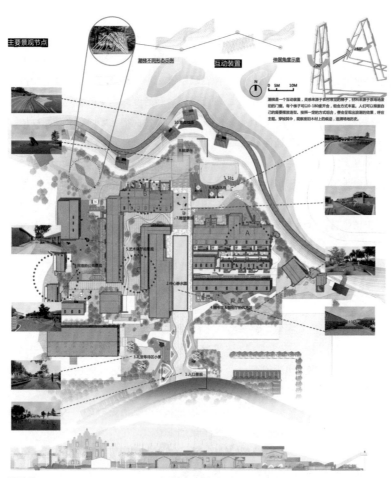

图 7.48

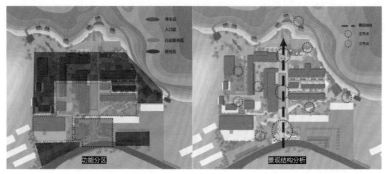

图 7.49

图 7.48　断崖潮海总平面图、立面图及主要节点布局

图 7.49　断崖潮海功能分区与景观结构分析

6）景观分项规划

（1）建筑规划设计

建筑设计是本项目最为关键的环节，通过对场地现存建筑类型及功能的分析，将建筑划分为四个片区，进行建筑布局、功能和形态的专项改造（图7.50、图7.51）。

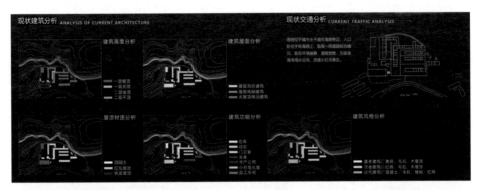

图 7.50

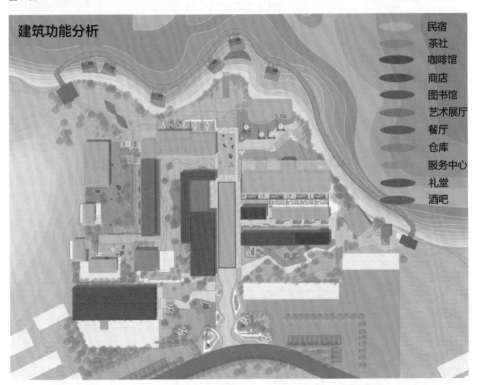

图 7.51

图 7.50　断崖潮海原有建筑类型、功能及交通布局分析

图 7.51　断崖潮海建筑功能规划布局

A 区域范围较广，主要分为：二层架构改造，野趣小庭院改造，北部半开敞庭院改造。其中，有一排靠内的民宿，视野受到前排建筑的阻碍，难以观景，属于住宿区内的"不佳地段"。处理方法是在不破坏原有建筑结构的前提下，增设二楼，并采用大落地窗。二层阁楼之间用轻质木板隔开，保持私密性，同时屋顶开天窗，使采光良好。A 区北部民宿具有得天独厚的优势，但是由于面北的窗户窄长，视野不够开阔。增设顶棚用以延伸室内空间，扩大使用者的活动范围。每户之间用具有当地特色的料石砌筑挡墙，形成半开敞的小庭院。再充分利用 A 区两排房屋之间的小间隙，营造"坪庭"（坪是面积单位，1 坪约等于 3.5 平方米）（图 7.52）。

图 7.52　断崖潮海区位及 A 区原有建筑及改造方案分析

B 区建筑的改造类似于 A 区，同样是增设二层和顶棚，但不同的是，B 区二层阳台空间较大，可以摆放座椅等进行一些休闲娱乐活动（图 7.53）。

C 区主要进行公共活动区域的改造，原本的一处水泥房改造为服务中心，使其更具设计感。西侧艺术展厅在原建筑基础上用具有肌理的深褐色材料改造入口，不设窗户。紧挨展厅的餐厅加盖屋顶、玻璃门，改动较小。东侧酒吧在原建筑上加设半透明网架结构，外部包裹镂空花纹材料，透过若隐若现的灯光显露出时尚感（图 7.54）。

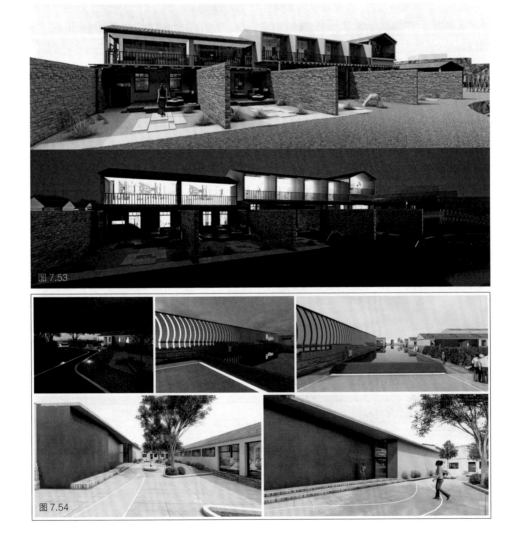

图 7.53

图 7.54

图 7.53　断崖潮海 B 区建筑改造方案

图 7.54　断崖潮海 C 区建筑改造方案

D 区建筑最为古老，在保持其原有外貌的同时，内部墙面用玻璃覆盖，保持原有肌理。加设二层阁楼，外部增设私密的小庭院（图 7.55）。

（2）其他景观要素规划（图 7.56）

水景设计以观海为主，场地内中轴线中央的大面积静水面为内陆主要水景，其他区域以点式水景活跃场地氛围（图 7.57）。

对基地与建筑规划的性质进行分析，整合重要景观节点区域的范围，在重点打造此区域的同时，向周边景观延续。绿化空间结构，延续整体切割，并根据空间功能合理布局。

（3）景观装置设计

潮梯是一个互动装置，灵感来源于农村常见的梯子，材料来源于原场地废旧的门窗。每个梯子可以 0°~180° 开合，组合方式丰富。人们可以根据自己的需要摆放造型。按照一定的方式组合，便会呈现出浪潮的效果，呼应主题。穿梭其中，观察废旧木材上的痕迹，追忆场地历史（图 7.58）。

图 7.55

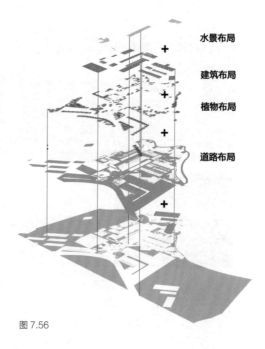

水景布局

建筑布局

植物布局

道路布局

图 7.56

图 7.55　断崖潮海 D 区建筑改造方案
图 7.56　断崖潮海各景观要素层次分析

图 7.57

图 7.58

图 7.57　断崖潮海水景节点效果图

图 7.58　潮梯装置效果图

7.2.2 熟悉的 0.8 千米——鱼台李阁生态智慧田园综合体景观规划

1）场地概况

场地位于山东省济宁市鱼台县李阁镇李楼村附近，场地面积约 39 万平方米，地形平坦，气候温和。场地周围乡村密布，两条乡镇干道与场地相连，交通便捷（图 7.59）。

2）场地历史演变

因毗邻南四湖，地势低洼，鱼台县在 1964 年前水涝频发，后兴修水利，改善了民众生活条件。

至 1996 年，场地自然绿地占地面积大，主要以种植果树为主，且生物多样性高，其中主要有知了、虾、兔子、鱼类、鸟类等。

2004 年，场地果园内的果树被大量砍伐，鸟和知了数量大幅度减少。

2012 年，由于果园用地变成了农业用地，场地中的虾、鱼等水生动物受到农药的影响都被毒害。

2019 年，场地内仅有少数动物存活，生物多样性低，绿地面积小，环境质量变差（图 7.60）。

3）问题分析

当地居民"固有生产模式"思想的根深蒂固，导致农业发展缓慢，居民收入低下。村民耕种农作物时，药物的大量使用，导致场地水质污染严重，生物多样性降低。

本设计旨在创新农业生产模式，强调主导农业产业发展、生态环境建设、村民共同参与和就业增收的一体化规划，同时弘扬当地传统民俗文化和助力乡村振兴。

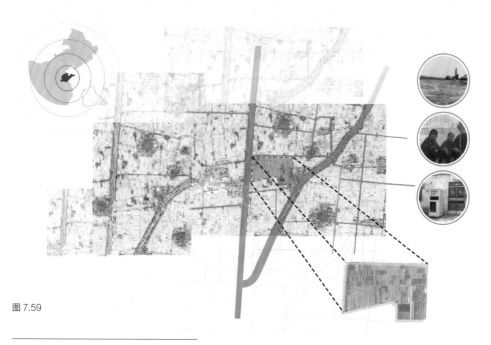

图 7.59

图 7.59 鱼台李阁生态智慧田园综合体区位及交通分析

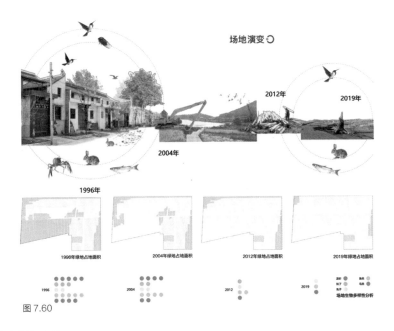

图 7.60

4）主题与定位

① 规划定位：以农业为基础，以创意为中心，融合未来智能服务、科技与本土文化的生态智能农业园区。

包括有机生态农业旅游和"田园超市"两种运营模式。前者以有机生态农业为基础，强化农业的观光、休闲、体验、教育和自然等多功能特征，为不同社会人群提供多样化的特色农业体验项目。后者将观光农业和体验式消费相结合，采摘园的空间形态、自摘自买的购物体验与虚拟超市模式相结合，满足城市居民对有机生态农业产品的需求（图7.61）。以乡村体验、亲子互动、文化展示为主要功能，融入购物与互联网 APP 平台，形成较为完备的功能体系（图 7.62）。

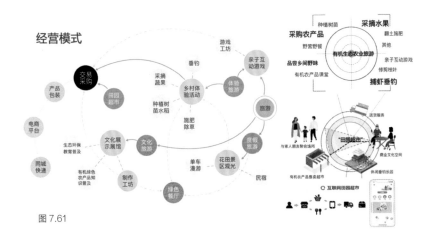

图 7.61

图 7.60　鱼台李阁生态智慧田园综合体区位及交通分析

图 7.61　鱼台李阁生态智慧田园综合体功能分析与运营模式示意

场地功能分区

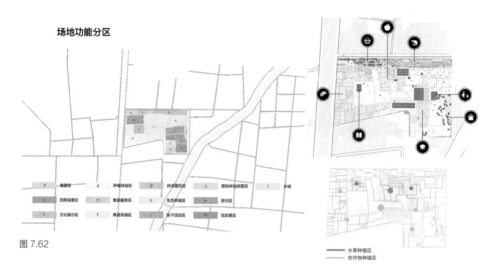

图 7.62

② 设计主题：熟悉的 0.8 千米。现状场地有一条长约 0.8 千米的水沟，曾经是该场地小龙虾的栖息地，但由于当地居民耕作时过量使用农药，导致其水体受到污染，生活在水沟中的小龙虾基本死亡。鱼台是中国生态小龙虾之乡，为让小龙虾重新回到家的怀抱，恢复当地生物多样性，改善当地生态环境，设计了生态智能田园综合体景观空间，也暗含人类渴望回归自然田园生活的诉求。

5）核心区景观规划设计

核心区主要分为田园服务区、田园超市售卖区、休闲垂钓区（图 7.63）。

田园服务区：为游客提供售票、送货、休息、田园自助餐、停车等服务，也为场地的集散空间，其建筑分布密度小，建筑体量较大（图 7.64）。

田园超市售卖区：建筑分布密度大，人流量较大，场地休闲区域设置了文化墙、表演舞台，引入当地民俗文化特色，增加旅客购物的趣味性（图 7.65）。

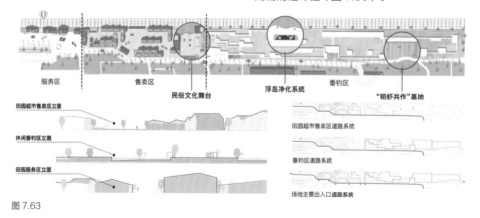

图 7.63

图 7.62　鱼台李阁生态智慧田园综合体功能布局
图 7.63　熟悉的 0.8 千米功能区划及特征分析

图 7.64   图 7.65

休闲垂钓区：绿植种植较多，场地设置了浮岛净化系统，用于沟渠的水体净化，通过栈道、步道系统及廊架组成环形的游览网络，游客可在场地内依树小憩、观景，在廊架下畅谈（图 7.66）。

图 7.66

图 7.64   熟悉的 0.8 千米田园服务区效果图

图 7.65   熟悉的 0.8 千米田园超市售卖区效果图

图 7.66   熟悉的 0.8 千米休闲垂钓区效果图

参考文献

[1] 王绍增. 必也正名乎——再论 LA 的中译名问题 [J]. 中国园林，1999（6）：49-51.

[2] 孙天正. 从景到境，由建至营——基于 Landscape Architecture 学科本体论的学理名称问题 刍议 [J]. 华中建筑，2011, 29 (7): 110-112.

[3] 杨滨章. 关于 Landscape Architecture 一词的演变与翻译 [J]. 中国园林，2006, 22(9): 55-59.

[4] 俞孔坚. 景观的含义 [J]. 时代建筑，2002(1): 15-17.

[5] 丁园. 景观设计概论 [M]. 北京：高等教育出版社，2010.

[6] 胡长龙. 园林规划设计（理论篇）[M]. 3 版. 北京：中国农业出版社，2010.

[7] 张剑. 基于传统聚落景观分析的低碳城市景观设计理论与实践 [M]. 南京：江苏凤凰科学技术 出版社，2015.

[8] 张剑. 从森林碳汇到可持续聚落——生态景观的艺术蜕变 [M]. 江苏凤凰科学技术出版社， 2017.

[9] 赵文武，房学宁. 景观可持续性与景观可持续性科学 [J]. 生态学报，2014, 34(10): 2453-2459.

[10] 邬建国，郭晓川，杨劼，等. 什么是可持续性科学？ [J] 应用生态学报，2014, 25(1): 1-11.

[11] Wu J G. Landscape sustainability science: Ecosystem services and human well-being in changing landscapes[J]. Landscape Ecology, 2013, 28: 999-1023.

[12] 孙筱祥. 园林艺术及园林设计 [M]. 北京：中国建筑工业出版社，2011.

[13] 周维权. 中国古典园林史 [M]. 2 版. 北京：清华大学出版社，2008.

[14] 郦芷若，朱建宁. 西方园林 [M]. 郑州：河南科学技术出版社，2001.

[15] 王向荣，林箐. 西方现代景观设计的理论与实践 [M]. 北京：中国建筑工业出版社，2002.

[16] 刘扬. 城市公园规划设计 [M]. 北京：化学工业出版社，2010.

[17] 成玉宁. 现代景观设计理论与方法 [M]. 南京：东南大学出版社，2010.

[18] 成玉宁. 走向场所景观：成玉宁景园作品选 [M]. 北京：中国建筑工业出版社，2015.

[19] 王劲. 论园林"相地"模式与水源 [J]. 中国园林，2018, 34(06): 43-48.

[20] 于国铭. 建筑形式与自然环境的"唱和相应"——威海华夏园设计案例 [J]. 城市建设理论研 究（电子版），2013, 23.

[21] 郑阳，郑明. 景观艺术设计 [M]. 济南：山东大学出版社，2011.

[22] 诺曼·K. 布思. 风景园林设计要素 [M]. 北京：中国林业出版社，1989.